U0208885

严东关五加皮酿酒技艺

总主编 陈广胜

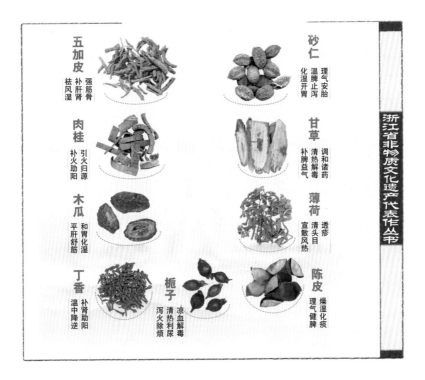

五加皮
强筋骨
补肝肾
祛风湿

肉桂
引火归源
补火助阳

木瓜
和胃化湿
平肝舒筋

丁香
补肾助阳
温中降逆

栀子
凉血解毒
清热利尿
泻火除烦

砂仁
理气安胎
温脾止泻
化湿开胃

甘草
调和诸药
清热解毒
补脾益气

薄荷
透疹
清头目
宣散风热

陈皮
燥湿化痰
理气健脾

浙江省非物质文化遗产代表作丛书

浙江古籍出版社

朱建霞 俞建午 邵俪黎 编著

前　言

浙江省文化广电和旅游厅党组书记、厅长　陈广胜

中华文明在五千多年的历史长河里创造了辉煌灿烂的文化成就。多彩非遗薪火相传，是中华文明连续性、创新性、统一性、包容性、和平性的生动见证，是中华民族血脉相连、命运与共、绵延繁盛的活态展示。

浙江历史悠久、文明昌盛，勤劳智慧的人民在这块热土创造、积淀和传承了大量的非物质文化遗产。昆曲、越剧、中国蚕桑丝织技艺、龙泉青瓷烧制技艺、海宁皮影戏等，这些具有鲜明浙江辨识度的传统文化元素，是中华文明的无价瑰宝，历经世代心口相传、赓续至今，展现着独特的魅力，是新时代传承发展优秀传统文化的源头活水，为延续历史文脉、坚定文化自信发挥了重要作用。

守护非遗，使之薪火相续、永葆活力，是时代赋予我们的文化使命。在全省非遗保护工作者的共同努力下，浙江先后有五批共241个项目列入国家级非遗代表性项目名录，位居全国第一。如何挖掘和释放非遗中蕴藏的文化魅力、精神力量，让大众了解非遗、热爱非遗，进而增进文化认同、涵养文化自信，在当前显得尤为重要。2007年以来，我省就启

动《浙江省非物质文化遗产代表作丛书》编纂出版工程，以"一项一册"为目标，全面记录每一项国家级非遗代表性项目的历史渊源、表现形式、艺术特征、传承脉络、典型作品、代表人物和保护现状，全方位展示非遗的文化内核和时代价值。目前，我们已先后出版四批次共217册丛书，为研究、传播、利用非遗提供了丰富详实的第一手文献资料，这是浙江又一重大文化研究成果，尤其是非物质文化遗产的集大成之作。

历时两年精心编纂，第五批丛书结集出版了。这套丛书系统记录了浙江24个国家级非遗代表性项目，其中不乏粗犷高亢的嵊泗渔歌，巧手妙构的象山竹根雕、温州发绣，修身健体的天台山易筋经，曲韵朴实的湖州三跳，匠心精制的邵永丰麻饼制作技艺、畲族彩带编织技艺，制剂惠民的桐君传统中药文化、朱丹溪中医药文化，还有感恩祈福的半山立夏习俗、梅源芒种开犁节等等，这些非遗项目贴近百姓、融入生活、接轨时代，成为传承弘扬优秀传统文化的重要力量。

在深入学习贯彻习近平文化思想、积极探索中华民族现代文明的当下，浙江的非遗保护工作，正在守正创新中勇毅前行。相信这套丛书能让更多读者遇见非遗中的中华美学和东方智慧，进一步激发广大群众热爱优秀传统文化的热情，增强保护文化遗产的自觉性，营造全社会关注、保护和传承文化遗产的良好氛围，不断推动非遗创造性转化、创新性发展，为建设高水平文化强省、打造新时代文化高地作出积极贡献。

目录

严东关五加皮酒生产历史久远，是中国民间传统养身实践和生命科学的智慧结晶，更是中国传统手工技艺与中医中药融会贯通的典范。2021年5月24日，严东关五加皮酿酒技艺列入第五批国家级非物质文化遗产代表性项目名录，实现了建德市国家级非遗"零"的突破。

中华民族五千年历史长河中，酒文化一直是一种特殊的文化形式，有其独特的文化地位，在人们日常生活中不可或缺。它是物质的，但又融于人们的精神生活之中。在各类酒中，五加皮酒以特殊的酿制工艺及独特的香气、口味、功效崭露头角。建德市的五加皮酒配方最初藏于元末明初长期生活在船上的"九姓渔民"手中，据传渔民为避风湿寒气，以五加皮浸泡酒驱寒，后以此与岸上人交换食物及生活用品，渐渐传到岸上。据《建德县志》记载，清同治二年（1863），徽商朱仰懋在古严州府创办致中和酒坊，酿制严东关五加皮酒，传承至今。

2007年，严东关五加皮酿酒技艺申报第二批浙江省非物质文化遗产代表性项目并获成功。建德市以此为契机乘势而上，积极申报国家级非遗项目。根据申报要素，加大投入，查漏补缺，致力加大严东关五加皮酿酒技艺的传承保护力度，建立严东关五加皮酿酒技艺展示馆，设立"钱建华严东关五加皮酿酒技艺大师工作室"，充分发挥非遗代表性传承人的作用，以师徒相传方式传承技艺，举办严东关五加皮酿酒技艺培训班，保护传承传统五加皮酿酒技艺。2017年12月，被列入省级传统工艺振兴目录。十年磨一剑，功到自然成。2021年5月24日，被列入国家级非物质文化遗产代表性项目名录。

在严东关五加皮酿酒技艺的传承中，浙江致中和实业有限公司积极有为，肩负使命，致力于传统工艺的传承、品牌的创立、技术的创新，带动经济效益与社会效益，助力共同富裕。该企业是保健酒行业中唯一一家同时拥有国家级非物质文化遗产代表性项目、中华老字号、中国驰名商标和中国地理标志产品的企业，每年投入200万元专款用作非遗项目的保护和传承。企业在保留传统技艺的基础上，以市场为导向，以非遗助力共同富裕为目标，市场占有率逐年稳步提高，近三年五加皮酒产品总销量7293吨，总销售额9123万元。

编撰出版《严东关五加皮酿酒技艺》一书，这既是对国家级非遗代表性项目的保护、传承、发展，更是挖掘、整理和利用历史遗产使其与时俱进的有效载体。离开历史无以传承，离开传承无以发展，离开发展无以创新。严东关五加皮酿酒技艺源自广大劳动人民数百年来的生产生活实践，是民众长期与大自然融合的亲身经验，是一代代国药高手千百遍推敲增删提炼加工出来的宝贵结晶。本书通过系统介绍其基因、传承、发展和创新的历史印迹和发展谱系，让人清晰地了解、精心地保护、持久地传承、有力地发展，在坚持传统古法中推陈出新，在创新发展中绽放光彩。为非物质文化遗产项目带动经济效益和社会效益做出应有的贡献。

建德市人民政府副市长　张炳泉

2023年2月

一、概述

酒是伴随文化和文明共同进步的一种重要载体，并在历史发展中扮演着重要角色。我们的先民创造了极其丰富的中国酒文化。

一、概述

酒是伴随文化和文明共同进步的一种重要载体，并在历史发展中扮演着重要角色。我们的先民创造了极其丰富的中国酒文化。

[壹] 酒的渊源

酒是一种特殊的食品，也是人们日常生活不可或缺的一种饮品，酒几乎渗透到社会生活中的各个领域。在上千年的历史中，它已成为一种特殊的文化形式，在中国的传统文化中有其独特的地位，也衍生出了酒政制度。

一

千百年来，中国人一直重视历史，有意识地把祖先的事迹记载下来。从汉代司马迁的《史记》到历朝历代的正史，都记载着政治、经济、文化、风俗的变化改革及天文地理、礼乐制度、科学技术的重大事件。而酒是如何发明的？却无明确的记载。酒与中国文化、历史发展结下了不解之缘。现存的先秦古书中，几乎都有与酒沾边的文字。甲骨文和金文中也有"酒"字。"酒"字作"酉"，写法像一个陶罐。在距今7000年左右的西安半坡村遗址，也发现了"酉"字形状的陶罐。这从某种意义上说，酒，至少已有7000多年的历史。

春秋时代是一个酿酒与饮酒的盛世。开始运用"自然发酵"酿酒，发明了曲蘖酿酒，并在此基础上，运用"固态发酵法""复式发酵法"。使糖化、酒化过程同时进行，相互催化、提高质量、缩短过程。这是酿造科技史上的一大进步。

酿酒所需的主要角色是"酒曲"。因为大量酿酒必然需要曲，所以酒称"曲蘖"。而曲则是决定酒品优劣、酒香浓淡的决定因素。一般来说"酒随曲转"。《尚书·禹贡》提到的贡品中，有"菁茅"，汉代郑玄注："菁茅，茅有毛刺者，给宗庙缩酒。"缩酒，即滤酒去糟粕的意思。有酒浆需要过滤，从中可见，当时已非自然发酵，而是用酒曲酿造的了。表明至迟在殷商时已经大量酿酒了。

二

酒，是一种消费品，与人们日常生活息息相关，但因为它的功能多样，既能让人兴奋，也能使人醉迷；既可以解忧，也可以让人上瘾，因而又被涂抹上了一种神秘色彩。人们的酿酒、饮酒又与许多历史事件有关联。如商纣王因"酒池肉林"而亡国、鲁国酒薄而邯郸被围、项羽请刘邦的"鸿门宴"、曹操请刘备的"青梅煮酒论英雄"、赵匡胤宴群臣的"杯酒释兵权"等，酒在某种意义上改变了历史的走向。

然而，历史上的一些风流人物，却与酒结下了不解之缘，成就了一段因酒而改变人生命运的佳话，较为著名的有：司马相如与卓文君"当垆沽酒"、"曲水流觞"成就王羲之《兰亭集序》、"杜康酿酒刘伶醉"、李白"斗酒诗百篇"等,既反映了文人的性格特征,也说明了诸多惊世佳作都与酒密不可分。

酒,让无数人为之痴狂,成为文学艺术创作时灵感闪现的"源泉",于是人们又把酒上升到了饮食文化的层面上来,从而摆脱了单纯意义上的食用价值。但"酒"本佳酿,不意成贼。人们自觉不自觉地把酒与个人的荣辱、事业的成败、国家之兴亡紧密联系在一起。

三

中国的酒历史悠久、地域辽阔、种类繁多。在中国古代,无论哪种酒,一般都以粮食(包括高粱、玉米、大小麦、番薯等杂粮)为原料来制作。古书上说"少康始作秫酒",少康是夏朝的第五代君主,秫是一种糯性的黍,北方人称为"黄糯"。商代又出现了"黍酒""稷酒",可见这些也是粮食酒。

[贰]严东关的人文地理

早在战国时期,人们在中医理论指导下,就已将酒与各种中药相配制,制成药酒,借以防病治病。《九歌》中出现了"椒酒""桂浆";汉朝以后出现了"菊花酒""桂花酒""枣酒""青梅酒"等药酒。但这些酒只是将花和药配制在粮食酒里酿成的。如《三国演义》中,曹操与刘备青梅煮酒论英雄,可谓妇孺皆知。

如果从元末农民起义算起,用五加皮等中草药材浸泡的酒在

严州至少也有600多年的历史。不仅对风湿等病有明显疗效,且酒呈榴红、香气馥郁、金黄挂杯、口味醇厚。有诗赞曰:

色如榴花重,香比蕙兰浓。

甘醇醉太白,益寿显神功。

三五知己,小酌一杯,便有淡淡草药香味,口味极佳。

一、自然环境

俗话说"好山好水出好酒",任何地方名酒的产生,都离不开当地的特殊地理环境,更离不开水、粮食和空气。

(一)区域环境。 建德所处北纬29°~30°,属亚热带季风气候区,气候条件对严东关五加皮酒品质的影响主要有以下几个要素:建德,属典型的亚热带湿润气候,四季分明,雨量充沛,雨日160天左右,年平均降雨约1700毫米,无明显的严寒和酷暑,年平均气温

三江汇流(李茂祥摄)

17.6℃，平均年总积温6180℃左右，无霜期长达260天，特别是新安江的水常年保持在14℃左右，新安江水体对江边附近地区的气候调节作用十分明显，对生产严东关五加皮酒所必不可少的基酒——粮食白酒（曲种的培育、发酵、窖醅）和蜜酒的酿制十分有利。比如蜜酒，江南处处都能酿制，但产自新安江附近地区的蜜酒比其他地方的蜜酒具有更黏稠、更甜的特点，而且氨基酸含量明显高于其他同类产品。

（二）**产粮环境**。古代都用糯米酿酒，这是酿酒所需的主要材料。而粮食的种植和生长与地理环境息息相关，不同地方所产的粮食具有很大的差异性，因其中所含的蛋白质、淀粉及其他的微量元素差别很大，而发酵出来的酒的糖度、色泽、口感都有微妙的差异。所谓"酒是粮食精"，就是这个道理。

建德地区正处浙西丘陵山地与金衢盆地毗连地区，地表以分割破碎的低山丘陵为特色。大部分地区地质构造属钱塘江凹槽带，

建德高产粮区（汤峥嵘摄）

　　属天目山系昱岭山山脉、千里岗山山脉和龙门山脉。整体地势为西北和东南两边高，中间低，自西北往东北倾斜。地貌以丘陵山地为主，很少有连续的大块平原分布。但这些小片平原都在新安江、兰江、寿昌江两岸，土地肥沃、排灌便利，是主要的农耕区。

　　境域内地形起伏大，成土母质种类较多，风化强度较大，形成了各种土壤：水田有渗育型、潴育型和潜育型三种适合种植水稻的土壤。山地有红壤、黄红壤、侵蚀性红壤、黄壤、侵蚀性黄壤、钙质紫砂土、石灰岩土等。土壤中含人体所需的各种微量元素。再加上三江汇流水面的调节作用，空气中适宜酿酒的微生物含量丰富，而且新安江地区浸湿构造类型的地质上覆盖着50厘米厚的紫色砂页岩，酸碱适度，富含多种有益成分。

　　得天独厚的地理位置和气候条件造就了特殊的稻米品质，为五加皮酒酿造提供了优质的原料。正如明代诗人谢榛在《四溟诗话》中所说："作诗譬如江南诸郡造酒，皆以曲米为料，酿成则醇味如一，善饮者历历尝之……其美虽同，尝之各有甄别。"而新安江畔的酒，因其口味醇厚、温润和香郁，又余味绵长，曾经吸引着无数的文人墨客，也曾经醉倒过无数的文人骚客。唐代诗人杜牧曾留下诗句：

　　　　州在钓台边，溪山实可怜。

有家皆掩映，无处不潺湲。

好树鸣幽鸟，晴楼入野烟。

残春杜陵客，中酒落花前。

（三）水域环境。"水乃酒之血"，酿酒对水质的要求非常高，只有好水才能酿出好品质的酒。在古代，人们酿的是水酒，其酒主要成分80%左右都是水，故而，水质的好坏直接影响到酒的成色、风味和质量，古人虽然没有现代化的检测手段，但凭借经验，就能知道哪种水适合酿酒，哪种水不适合酿酒。老百姓常说"阎王鬼做，美酒水做"，故而美酒佳酿必须要有佳水才能成全，没有优质的水很难酿成优质的酒。

古代严州（睦州）梅城地处新安江、兰江和富春江三江汇集地。两岸山色青翠秀丽，江水清澈碧绿醉人。唐朝诗人孟浩然有诗赞美新安江的清澈："湖经洞庭阔，江入新安清。"南朝的沈约曾以《新安江水至清见底》赞叹新安江水：

洞澈随深浅，皎镜无冬春。

千仞写乔树，百丈见游鳞。

李白当年游览后则描绘道：

清溪清我心，水色异诸水。

借问新安江，见底何如此。

人行明镜中，鸟度屏风里。

孟浩然到七里滩时也不由赞叹此处山水风光，诗云：

予奉垂堂诫，千金非所轻。

为多山水乐，频作泛舟行。

五岳追向子，三湘吊屈平。

湖经洞庭阔，江入新安清。

复闻严陵濑，乃在此川路。

叠障数百里，沿洄非一趣。

彩翠相氛氲，别流乱奔注。

钓矶平可坐，苔磴滑难步。

猿饮石下潭，鸟还日边树。

观奇恨来晚，倚棹惜将暮。

挥手弄潺湲，从兹洗尘虑。

新安江之水，源自安徽境内，流经数百里，地势复杂，地质丰富，但不论深浅，都清澈见底；不管春夏秋冬，都皎洁如镜。这是新安江水的一大特色。有山则有水，山高则水秀，有好水才能酿出好酒。

（四）山泉环境。建德一直是被称为"锦山绣岭"，历来都是山好水好的地方，梅城又是背依着一座天然屏障——乌龙山。

乌龙山，是梅城乃至严州的名山，像一条巨龙盘绕在三江口，海拔900多米，东至七里泷，西止杨村桥，主峰高耸入云，日月未出，光华先临，日月虽落，余晖残照，古称"日月空"。东西两侧，则群山围拱且向两边逐步低垂，更显出乌龙山孤傲不驯之性格。故有"一郡之镇山"之号。

乌龙山岩岫高耸、云雾缭绕，巍峨的山峰在云雾中如同漂浮于浪涛中的孤舟，云雾弥漫，笼罩层峦巅峰，则能降甘霖，惠及山南田

优质水资源（汤峥嵘摄）

野、农庄和城镇，故有"南边有雨北边看，北边有雨南边分半"，意思是说乌龙山"戴帽"，其像可预测晴雨甚为灵验。正如宋代知睦州郡的赵抃《乌龙山》诗云：

> 泉石淙淙响百寻，群峰环翠起春林。
>
> 危巅召雨云先作，不失苍生望岁心。

　　乌龙山上巨木丛生、植被茂密、危岩耸立、山泉叠涌，再加上矗立在三江边，终年云雾缭绕，雨量充沛，故而山间泉水清冽甘甜、潺潺不绝。又因乌龙山清泉越岭跳涧、湍流不息，经过悬崖沟壑，钻过砂砾杂石，穿过泥土草皮，一路上溶入了丰富的矿物质，过滤了众多的杂质，成为酿酒、饮用的优质水体，这是酿制佳酿美酒的不绝源泉，更是酿制五加皮美酒的不二选择。正如张伯玉所说"新定酒香如菊，岁造

乌龙山瀑布群（蒋惠松摄）

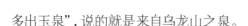
多出玉泉",说的就是来自乌龙山之泉。

（五）东关环境。五加皮酒最初的诞生地在乌龙山脚的严东关。严东关，又称东关、东管、东馆、东津，因其依附于严州城，故名"严东关"。

《徐霞客游记·浙游日记》中有这样一段记述：

（十月）初六日　鸡再鸣，鼓舟。晓出浙江，已桐庐城下矣。令僮子起买米。仍附其舟，十五里至滩上。米舟百艘，皆泊而待剥，余舟遂停。亟索饭，饭毕得一舟，别附而去，时已上午。又二里，过清私口，又三里，入七里泷。东北风甚利，偶假寐，已过严矶。四十里，乌石关。又十里，止于东关之逆旅。

此处依山傍水、风光秀丽、泉水淙淙，融山、水、街、馆为一体，闹中取静、静中安闲。正如严州府教授许正绶诗中所说：

一峰峰冷处，暝色薄高楼。

风激林声碎，云蒸水气浮。

灯光明驿路，帆影暗江流。

鹄立皆同辈，萧萧古渡头。

东关有一条通往街市的石板路，与严州的官道相接，严州府在这里设立了一个"都酒务"的机构，专门管理酒业的生产及收取税收。

据《严州图经》载："东馆：在东津，旧有东馆楼。钱文肃公更其名曰'分歙'，遭方腊之乱，楼废。后作亭，为检税之所。绍兴八年（1138）知州董弅命增其窗户，榜以今名，以待往来舣舟不至城下者。"后人遂名东津曰东馆。

宋代诗人俞德邻《泊东馆》诗云：

一望严陵十里余，乱山衔日雁相呼。

故人零落今余几，独有黄公旧酒庐。

东关俯瞰（李茂祥摄）

明代诗人张以宁《夜泊东关》诗云：

泊舟新安口，月出溪南峰。

红灯照窑堵，绿水开芙蓉。

李白题诗处，何人继其踪。

我欲攘长笛，幽壑舞鱼龙。

这些诗都无不表明，严东关自古就是一个灯红酒绿、商贾云集、热闹非凡的地方。

（六）**空气环境**。酿酒过程中所参与的微生物受温度、湿度、土

严州的一座独木桥（富裕生摄）

壤种类、酸碱度、空气等因素影响，而严东关依山面水，山水相融，透风、湿润、冷暖适中，空气清新洁净，阳光充足，是其酿制美酒的别有风味之独到基因。

二、人文环境

（一）**六县酒客**。梅城是严州府的府治所在地，是严郡（建德、寿昌、桐庐、分水，淳安、遂安）六县的政治、文化、经济的中心，在以水路为主要通道的时代，也是浙江、江西、安徽、福建四省交汇的交通枢纽。每天这里都是船来舟往、车水马龙、人声鼎沸。那时的严州城，只要你随意徜徉在繁闹的大街上，街道两边的屋宇鳞次栉比，到处是茶坊、酒肆、当铺、肉铺、作坊、庙宇、公廨等。街道两旁的路上还有不少小商贩。街道一直延伸到城外较宁静的郊区。街上熙熙攘攘、人头攒动：有坐轿的，有骑马的，有挑担赶路的，有驾牛车送货的，有赶着毛驴拉货车的，有推独轮车的，有卖茶水的，有看相算命的……可谓"隔江三千家，一抹烟霭间""倡楼呼卢掷百万，旗

清末民初，严州府街上的贞节牌坊（费佩德摄）

清末民初，严州府的一个城门（费佩德摄）

梅城老街（李茂祥摄）

亭买酒价十千"。那时的严州城商业极其发达。

（二）三江旅客。因为梅城扼守在新安江、兰江和富春江的三江口，江天浩渺，舟楫蔽江，甚至出现"千车辚辚，百帆隐隐，日过其前"的景象。随着舟船的南来北往，严州作为三江必经之地，不仅是船来舟往的货物转运码头，也是当地漆、麻、丝、酒等土特产输出到杭州、苏州、上海等地的重要码头。

由于水运繁忙，商业、服务业、造船业都随之兴起，宁波的南北货、绍兴的杂货、徽州的盐业及典当各种店铺林立，更是吸引着南来北往的客人。这些经过一路的舟马劳顿，水上奔波数日的商客，都会到这儿吃住、歇息、交易。这些商客及过客，都会自然而然地坐在饭店或者小吃铺中，弄几壶老酒，一为聊天谈生意；二为消除一路劳顿的困乏；三为除去船行水路而带来的湿气，解除身体病痛。成千上万的商客和过客，每天络绎不绝，吃喝居住，都给城市带来了一种勃勃生机，也为五加皮酒的横空出世奠定了市场基础。

梅城老码头（建德市档案馆提供）

南宋诗人杨万里在《乌祈酒二首》中写道：

> 人到严州不识田，一江两岸万青山。
> 乌祈酒味君莫问，费尽江波卖尽钱。

> 毛永乌祈山两崖，家家酒肆向江开。
> 也知第一葡萄色，只问米从何处来。

诗中的"乌祈""毛永"都是当地的地名。杨万里的这两首诗表明在南宋时期，严州到处飘荡着浓浓酒香，处处都是酒肆林立，呈现出严州一带饮酒、酿酒风气之盛。但对一个山多田少的地方来说，如果把粮食全都用于酿酒，那么当地百姓吃什么？这在农业社会，确实不能不令人担忧。杨万里并没有在乎这里的灯红酒绿，他看到了其中埋藏着的一种潜在的危机，不由地让人想起林升的《题临安邸》：

> 山外青山楼外楼，西湖歌舞几时休？
> 暖风熏得游人醉，直把杭州作汴州。

天时地利、水土丰茂，严东关可说是占据了得天独厚的区位优势，严东关五加皮酒色如榴花、香如蕙兰，入口醇厚甘甜，几百年来

清末民初，在富春江边歇息的帆船队（费佩德摄）

盛销不衰，也是得益于此。

［叁］严东关五加皮酒的历史追溯

古严州（睦州）历史悠久，下辖建德、寿昌、淳安、遂安、桐庐、分水六县，大多数县都处于群山环抱之中，聚族而居的人群利用本地资源，因地制宜酿出了米酒。米酒是中国最古老的酒，而在建德地区大约分为甜酒酿、水酒、蜜酒、土曲酒、白酒和药酒。

甜酒酿：是民间临时性的小规模所酿造的一种饮品。即用糯米蒸熟后，拌入酒药（也称酒酿，是民间利用一种辣蓼草拌上米粉发酵而成），经发酵而产生的一种连带酒糟的淡淡甜酒。

水酒：制作方式与甜酒酿差不多，只是规模更大，所用的酒药量更大，经过酿造发酵、加水、过滤、存储，再开坛。

蜜酒：即在水酒中加入白酒，再酿造、发酵而成。

土曲酒：原来是大麦酿制的酒曲，民间也称"大曲酒"，盛产于寿昌与兰溪交界的新叶一带。因新叶一带土话中"大""土"音接近，渐渐也就叫成了"土曲酒"。"曲"古代写作"麴"，"麦"偏旁，与麦有关。每年麦熟季节，农户田头屋角处处长满一种蓼草，农民拔来蓼草，将其浸泡在水中，等到草汁全泡出时沥掉渣，用汁水拌和着谷粉、小麦粉、麸皮做成土曲，捏成块挂在楼板下风干。

土曲酒，色泽比绍兴黄酒淡，色如琥珀，玉质凝浓。若盛碗中，可以高出碗沿两毫米。而到大洋、三河、麻车等与兰溪交界的地方酿的却是"红曲酒"。

红曲酒（徐建生摄）

白酒：严州也生产白酒，当时严州有一种小曲白酒，一脉相承自建德历代的酿酒法。建德的小曲白酒，称为"睦州春"和"潇洒泉"。

南宋罗大经在《鹤林玉露》中这样记载：

唐子西在惠州，名酒之和者曰"养生主"，劲者曰"齐物论"。杨诚斋退休，名酒之和者曰"金盘露"，劲者曰"椒花雨"。尝曰："余爱椒花雨，甚于金盘露。"心盖有为也。余尝谓与其一于和劲，孰若和劲两忘。顷在太学时，同舍以"思春堂"合润州"北府兵厨"，以"庆远堂"合严州"潇洒泉"饮之，甚佳。余曰："不柔不刚，可以观德矣；非宽非猛，可以观政矣。"

药酒：中国很早就有人用中草药浸泡在酒内，人们在实践中在酒里加入了一些中草药浸泡，达到了酒药同疗目的，如祛风除湿。

丰富的酒资源和当地人素有的饮酒习俗，都为五加皮酒的破壳而出奠定了基础。

二、致中和品牌的前世今生

我国各大中医药典籍，例如《黄帝内经》《千金方》《本草纲目》等中都有用五加皮浸酒，借药酒以养生，求得健康长寿的记载。而五加皮作为一味珍贵的药材，早就为人们所认识并用于泡酒，借五加皮浸润于酒，实现预防或医治风湿病等功效。

二、致中和品牌的前世今生

　　我国各大中医药典籍，例如《黄帝内经》《千金方》《本草纲目》等中都有用五加皮浸酒，借药酒以养生，求得健康长寿的记载。而五加皮作为一味珍贵的药材，早就为人们所认识并用于泡酒，借五加皮浸润于酒，实现预防或医治风湿病等功效。历代医家对此不吝笔墨，做了很多记述，例如东华真人在《煮石经》上说："舜常登苍梧山，曰厥金玉香草，即五加也，服之延年。……昔鲁定公母，单服五加皮酒，以致长寿。"但那时，只不过是单方浸泡，民间自己酿制，自己品饮而已，并没有走向历史舞台。

［壹］缘起

　　梅城，既是古严（睦）州府治所在地，也是建德县治所在地。长期受潮气水气的侵蚀，城镇上患风湿病的人较多，虽然药店有"蛇酒""虎骨酒"等药酒销售，但其价格却相对昂贵，普通百姓喝不起。因用草药浸酒价格比其他药酒更为便宜，深受那些经济困难又身患风湿类疾病者的欢迎。

　　在严州一带，民间一直流传着这样一个传说：

　　新安江畔有个名叫严东关的青年，他为人厚道，并有一手祖传

溪流（蒋忠松摄）

酿酒的好手艺。一日，东海龙王的五公主佳婢慕名下凡到锦峰秀岭的三江口游玩，不料遭到一条凶恶的乌龙追赶，幸遇严东关将乌龙打死，救下了公主。公主为报答救命之恩，愿以身相许，为表诚意，她毅然摘下镶有东海奇珍异宝的项链，掷向已化为山岭的乌龙尸体。顿时嵌在乌龙山上的101颗珍珠变成了101个山塘水池，并喷涌出甘洌异常、清可见底的珍珠泉。

夫妻俩就用乌龙山珍珠泉水酿酒，酒中又添加了一些药材，制出的酒红里透黄，既甜又醇，酒香飘逸扑鼻，黎民百姓、达官贵人纷至沓来，争相品尝，赞不绝口。严东关与公主十分恩爱，因此就以公主的名号为此酒命名，称之为"五佳婢"。

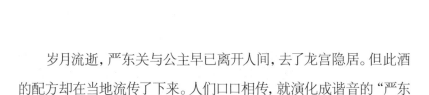

严东关五加皮酿酒技艺

　　岁月流逝，严东关与公主早已离开人间，去了龙宫隐居。但此酒的配方却在当地流传了下来。人们口口相传，就演化成谐音的"严东关五加皮"。

　　五加皮酒究竟始于哪个年代，难以考证，又有传说是唐代诗仙李太白游览新安江山水时，当地主人给他酒数壶、鱼数斤，李白随舟而游，一饮而醉，醉卧石上，慨然而吟：

　　　　我携一樽酒，独上江祖石。

　　　　自从天地开，更长几千尺。

　　　　举杯向天笑，天回日西照。

　　　　永愿坐此石，长垂严陵钓。

　　　　寄谢山中人，可与尔同调。

　　故在富春江、新安江畔，仍然传诵着一首歌谣：

　　　　子陵鱼，加皮酒，

　　　　喝得太白不放手。

　　　　醉醉熏熏卧严陵，

　　　　一篇诗章寄山友。

但从这首民谣看，似乎李白喝的就是当地的五加皮酒。

［贰］秘制

如果按照流行的说法，五加皮酒的配方最初藏于"九姓渔民"手中，那么，这个配方应该始于元末起义军陈友谅时期。

陈友谅当时拥有庞大的水军。这些水军长期生活在鄱阳湖上，终年漂泊，他们拥有治疗风湿、瘀血、麻痹等疾病的良药妙方，这倒也说得过去。

1363年，他们在鄱阳湖战败后，逃到了偏僻的严州避难。朱元璋建立大明之后，将他们贬于水上，终生不得上岸，世代与水为伴。再加上江南空气潮湿、气候闷热，水气潮气侵入体内，他们饱受疾病折磨。不说九姓渔民常年遭受江水风雨的袭击和侵蚀，就是生活在岸上的百姓也时常被风湿、麻痹等疾病所困扰。

九姓渔民生病了又不能到岸上去找郎中。他们世世代代生活在船上，如果没有几种保命秘诀、治病良方，那是很难想象的。

老子严江七十翁，一生一世住船篷。

早年曾打朱洪武，五百年前真威风。

他们在水上世居，浮家泛宅，历数百年之久，形成了自己特有的生产生活方式和风尚习俗。这群特殊的人群，世世代代一直与大

捕鱼（汤峥嵘摄）

自然斗争，与疾病斗争，与命运抗争，在长期的抗争中，不断积累经验、吸取教训，提炼出一种挽救自己命运的特殊药方。

清朝时期，因部分渔民特殊需要，不得不以五加皮浸泡酒与岸上人交换米、衣物及其他生活用品，这些五加皮酒便渐渐地传到了岸上，人们喝了之后，发现这种酒对于风湿、关节炎等具有良好的治疗效果。但其中的秘诀却并不知其所以然，人们便模仿着弄上几斤烧酒，加上一些五加皮，有的也加入一些其他的中药，浸泡后喝着。因各家的药料加的不同，故而成色和效果却有天壤之别，但都统称为"五加皮酒"，这种秘而不宣的秘制酒逐步闻名于世。

[叁] 创立

在严州一带的"九姓渔民",即陈、钱、林、李、袁、孙、叶、许、何。他们原以在三江上打鱼为生,也有一些从事客货运,往来于杭州、衢州、严州、婺州之间的商人,而以停泊在严州境内为多。因为长期居住、生活在江上,江风吹,江水泡,雨水淋,始终处于潮湿的生活环境中,导致他们身患风湿、关节疼痛、淤血等疾病,这就迫使他们自救,于是就形成了一种独特的药——用五加皮及其他中草药泡酒,医治疾病。

五加皮酒,采用纯粮白酒浸泡植物食用,以获取特殊的保健和治疗功效。渔户们自酿自制五加皮酒中的主要中草药就是来自山野的五加皮。

《药典》叙述五加皮能祛风湿、壮筋骨,俗名"追风使"。经过长期实践不断摸索,选优劣汰,五加皮酒配方逐渐趋同,"五加皮"成了这种酒的代名词。到了明末清初,我国民族工商业开始萌芽发展,酿酒技术有了重大进步,蒸馏酒工艺渐臻成熟,出现了各式各样的"五加皮酒"。

清咸丰年间,严州府城的九德堂、济成堂、孙春阳等几家中药店,开始采用白酒泡制五加皮酒,前店后坊,上柜销售五加皮酒,烧酒泡药,药偕酒力,效果倍增,一面市就大受消费者欢迎,长期隐藏于九姓渔民手中的秘制酒渐渐泄露于世,流行于街市酒店,成为人们津津乐道的"药酒","五加皮酒"的名声已开始名闻江湖了。

但这些五加皮
酒，只不过是含有五加
皮这种药材的酒，并不
是我们所讲的"致中
和"五加皮酒。

朱仰懋，安徽徽
州人，出身于一个富
裕的商人家庭。因为

朱仰懋（浙江致中和实业有限公司提供）

中国历来讲究"士农工商"，其中商人的社会地位很低。父亲想让他
读书考功名，进入士的阶层，借以摆脱商人身份。因而，朱仰懋从小
就被父亲送到私塾，他自幼聪慧异常，勤奋好学，读了不少四书五
经、唐诗宋词和秦汉文章，他也想通过读书考取功名，走"学而优则
仕"的道路，但考取秀才后，却因朝廷腐败，社会风气污浊，一直无
缘举人。为了谋生，他只能改学医道，先是在父亲开的广济堂药铺
里当学徒，背《汤头歌》，自学《伤寒论》《本草纲目》，研读《黄帝内
经》《金匮要略》。通过几年的刻苦求学，他学会了针灸、推拿、拔罐
等中医的基本手法，成了一名懂医道、晓阴阳、知药理的郎中。

按照原本的轨道发展，他可能成为一个郎中。但清朝末年，太
平天国兴起，安徽也失去了往日的繁华，徽州更是一片萧条：城市
被毁、田园荒芜、人口骤减，这些都阻止了他在安徽的从医之路。

随着太平天国败迹明显，乱世的现象开始平息，社会逐步趋向安定。约在清同治元年（1862），安徽商人朱仰懋历经水上的一路颠簸，从老家安徽风尘仆仆地跑到外头来闯荡世界了。

他坐着船来到了严州。这里原本就有不少徽州同乡开的店铺和药店。经多年战乱，梅城街上，人烟稀少，物质奇缺，店铺也是关门的多，开张的少，一副萧条冷落的样子，完全不见当年繁华的影子。朱仰懋正想动身离开此地时，一个机缘巧合，他看到零星的几家药铺里都摆放着一种酒，称为"五加皮酒"，经过一番了解，说是因此处濒临江岸，人多患有风湿、关节疼痛等毛病，而这种酒具有一定的疗效。朱仰懋以医生及商人的特有眼光，看到了潜藏于其中的无限商机。

初步了解了"五加皮酒"的基本情况后，他明显感觉到，这种酒虽有一定的药效，但真正想成为一种名副其实的药酒，似乎还缺少点什么。

于是，他决定留下来，细细寻究其中的奥妙，好好研究一番，或许能够进一步完善，成为一种真正意义上的药酒呢？

朱仰懋历经千辛万苦，以自己的诚恳终于打动了九姓渔民身藏秘方的人。柴廷芳先生所著的《玉露情缘》一书中是这样描写的：

    蛟儿理了理云鬓，站起来，转身从壁上取下琵琶，坐下转轴拨弦两三声后，随即信手低眉弹唱起来：

九姓渔民命凄惨，劳疾伤病诊治难。

先祖传下加皮酒，防病健身似仙丹。

子子孙孙需牢记，世代相传此妙方。

一味当归补心血，去瘀化湿用姜黄。

甘松醒脾能除恶，散滞和胃广木香。

薄荷性凉清头目，木瓜舒络精神爽。

独活山楂镇湿邪，风寒顽痹能屈张。

五加皮根有奇效，滋补肝肾筋骨壮。

调和诸药添甘草，桂枝玉竹不能忘。

红花黄栀添酒色，补血解热又清凉。

配足药味二十二，酿成玉露与琼浆。

常饮此酒功妙多，延年益寿保安康。

一曲终了，余音袅袅，回荡不息，朱仰懋连声赞美道："好酒！好歌！这一唱简直把五加皮酒唱活了，真是'今夜闻君琵琶语，如听仙乐耳暂明'哪！"

……（朱仰懋）接着又转向蛟儿说，"蛟儿小妹，请出考题吧"。

蛟儿抬起头来，看看父亲的眼色，明白并没有反对之意。复拿起琵琶，婉转地弹唱起来：

胸中荷花，西湖秋英。

晴空夜明，初入其境。

长生不老，永远康宁。

老娘获利，警惕家人。

五除三十，假期满临。

胸有大略，军师难混。

接骨医生，老实忠诚。

无能缺技，药店关门。

蛟儿唱完收拨，以期待的目光对着朱仰懋说："这十六句诗，请朱老板猜出十六味中药名来。"

"如果我没有记错的话，这是传说中三国曹操考华佗的一首中药谜诗吧？"朱仰懋沉思片刻，胸有成竹地说："拿纸笔来！"

蛟儿兴致勃勃地马上回房拿来笔墨纸砚，放在近旁的茶几上，又灵巧地磨墨濡笔，双手恭敬地递给朱仰懋。

朱仰懋接过，随即镇纸下笔，浑染云烟，一口气写下"穿心莲、杭菊、天南星、生地、万年青、千年健、益母、防己、商陆、当归、远志、苦参、续断、厚朴、白术、没药"十六味中药名，搁下笔朝着蛟儿诙谐地说："学子考毕，请考官评点！"

大家的目光一齐集中在这张宣纸上。蛟儿看着这幅用笔流畅、刚劲有力的书法，为朱仰懋的才学所叹服，啧啧称赞道："题答得对，字写得好，朱老板才不愧为'杏林才子'之称呢！"

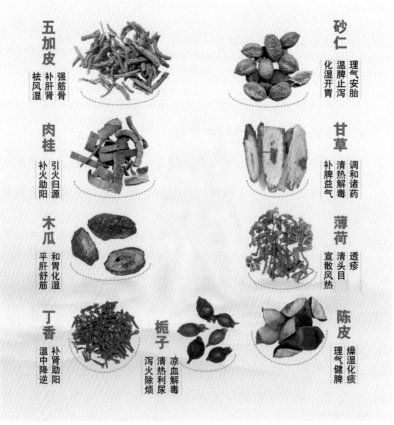

五加皮 强筋骨 补肝肾 祛风湿

砂仁 理气安胎 温脾止泻 化湿开胃

肉桂 引火归源 补火助阳

甘草 调和诸药 清热解毒 补脾益气

木瓜 和胃化湿 平肝舒筋

薄荷 透疹 清头目 宣散风热

丁香 补肾助阳 温中降逆

栀子 凉血解毒 清热利尿 泻火除烦

陈皮 燥湿化痰 理气健脾

浸提药材（浙江致中和实业有限公司提供）

这一段描写大致写出了几个方面的要素：

一是写出了朱仰懋寻求秘方的艰辛过程，如果得不到九姓渔民的信任和认可，那么要想求得秘方是不可能的。

二是五加皮酒的主要药材：也就是当时朱仰懋求到的五加皮酒的主要配料——五加皮、当归、姜黄、甘松、木香、薄荷、独活等多味药材，但仍然属于"犹抱琵琶半遮面"，其余的药还得"半是猜疑半是谜"，这需要朱仰懋继续以真诚、谦卑的态度求之，才能完善其方。

三是从后一曲的中药谜，我们可以看出朱仰懋是一位具有广博的见识、丰富的医药知识及头脑活络和具有临机判断能力的儒医。

四是民间秘方的隐秘性和保守性。因为在旧时即使登门拜过师、磕过头的师徒之间，仍有一个不成文的"潜规则"，那就是师傅为确保自己的饭碗，并不会把自己"压箱底"的本事随意教给徒弟，往往都会"留一手"。

朱仰懋深知这一道理：如果没有坦诚之赤心和继续探寻之恒心，如果不能精诚合作，即使知道药名也无法知道比例和配方，更无法知道酿酒的技术和秘诀。

作为徒弟的朱仰懋，如果想学到真本事，一是诚心诚意尊敬师傅，遵循"一日为师，终身为父"的原则，真正做到情同父子，才能得到其中真谛；二是靠自己在实践中"悟"。"凑足地支十二数，增增减减皆妙方"这句话，蕴含着无穷的意趣，值得用心体味。朱仰懋并非平庸之辈,他既是儒生,也是医生,更是一位秉承家庭传统的商人,因而,他具有较强的研究能力,在九姓渔民师傅的指导下,开发出更加有效的"五加皮酒"。

五加皮酒最讲究药效与酒力的相互配合,基酒须通过发酵,药材须经浸提,才能真正将药性逼出。每次浸泡出的药性与酒力也并不相同,需要按照一定的比例进行勾兑调和,才称得上是美酒,要想酿出色香味药俱佳的酒来,关键的奥妙在于调和。

他知道,如果想要酿成上好的酒,没有高明的技师帮忙是做不成的。五加皮酒说易则易,说繁就繁,多一味药或者少一味药,药量的配比,浸泡时间的掌握,火候的掌控,什么时间酿制,用什么水,用什么酒母,这一切都需要科学合理地掌握,差之毫厘,失之千里。

经过与九姓渔民的密切配合与协作,终于调试成功真正的"色、香、味、药"俱全的"五加皮酒"。朱仰懋一面向九姓渔民的师傅继续学习酿制方法和药材配方,学习调和方法,酿制出别有一番风味的"五加皮酒",另一面则着手寻找适当的地段开设酿酒作坊,着手租赁店铺开店、做生意。

清朝同治二年(1863),由安徽商人朱仰懋与九姓渔民许老秀、陈兰亭合资,与宁波籍几位国医携手研制的五加皮酒,活血、祛风效果更加明显。

朱仰懋选定在严东关开设了酒坊，严东关，距离严州城五里，此处正是新安江、富春江和兰溪的三江汇合处，当时是来往于杭州、衢州、婺州（金华）、处州（丽水）船只停泊、住宿、装卸的重要码头。五加皮酒坊就选址在一个依山傍水的山脚，空气清新、清泉汩汩、人群如流，再雇用了几位九姓渔民中的师傅来把作，开始大规模酿制和生产独特秘制的五加皮酒；再在繁华的街上开了一家"酒坊"：前为门店，后为作坊。

一切就绪，万事齐备，朱仰懋满怀信心地等待着一股"东风"。他知道商品必须具有"人无我有，人有我优，人优我独"的特质，才能打开销路，才能风靡于世。他也知道"名不正则言不顺，言不顺则事不成"，目前的五加皮酒，虽然声名远扬，市场前景乐观，但品质

雾漫新安江（汤峰嵘摄）

却鱼龙混杂、良莠不齐。要想在众多的酒中"鹤立鸡群"而"脱颖而出"甚至"出类拔萃"。不仅要在品质上胜于人，而且必须取个引人瞩目、吸人眼球的"名号"。

他是一介书生，自幼苦读四书五经，尤其喜欢《中庸》，懂得酒通人性，最重要的在于"兼容、调和"，他也知道"调和"二字在酒中所蕴含的意义："酒性善行，宜通血脉，药借酒功，酒借药力"，酒与药，那是一对相辅相成的兄弟，和则兴盛、不和则衰。于是他绞尽脑汁，翻阅了四书、五经及各种典籍。当他看到《中庸》那段"喜怒哀乐之未发，谓之中；发而皆中节，谓之和。中也者，天下之大本也；和也者，天下之达道也。致中和，天地位焉，万物育焉"时，他反复咀嚼着"致中和"三字，忽然灵台空明、激灵飞动，五加皮以调和为至理，"致中和"既得五加皮酒之真谛，也取中国传统文化中的调和与兼容及不偏不倚的中庸之道。于是他把"致中和"作为自己的商号，给自己精心配方的酒，取了一个响当当的名称——"致中和"严东关五加皮酒。

正如五加皮酒馆内的那副对联所言：

致中和位一家天地，
笃伦理振万古朝纲。

意思是说，达到中和的境界，才能在天地之间取得一席之地；恪守传统伦理，才可弘扬历代所遵循的三纲五常。说出了做酒、做生意和做人的基本道理。

从此，生意也渐渐兴隆起来，"致中和"严东关五加皮酒变成一种惠泽黎民的"药酒"，至今有160年的历史了。

清光绪二年（1876），在马来西亚半岛南端的新加坡举办的南洋国际商品会上，"致中和"五加皮酒在几十个国家、上千种酒类产品中，因其"色如榴花艳、香似蕙兰浓、入口味道醇、金黄挂酒杯"并具保健、健身之特色，独占鳌头，荣获南洋商品会的金质奖。"致中和"五加皮酒与英国威士忌、法国波尔多、俄罗斯伏特加并称为世界四大区域特色酒。"致中和"五加皮酒从此成了中国最早走向世界并获得殊荣的名酒之一。

民国四年（1915），"致中和"五加皮酒再次出山参展，在巴拿马万国博览会上获得银奖，美国《旧金山报》《万国博览会快讯》争相在报道中做出了高度评价。"致中和"五加皮酒声名远扬、销路顿开。一时间严州城内酒坊林立，"致中和"五加皮酒成为"镇酒"，也使梅城成了名噪一时的"酒镇"。

1915年，时任美国副总统、美国前任总统西奥多·罗斯福也连连赞叹五加皮酒"Wonderful"！

民国三十年（1941），严东关五加皮酒坊的厂房被毁。民国

筹备巴拿马赛会合影（浙江致中和实业有限公司提供）

参展（浙江致中和实业有限公司提供）

三十一年（1942），其他的几家"五加皮酒"厂也相继倒闭。民国三十四年（1945）后，虽然也有人开始生产五加皮酒，但因当时经济亟待恢复，销路并不见好，再加上不久又遇到战争爆发，人心惶惶。因而生产规模时大时小，逐渐近乎凋敝。严东关这个"酒镇"的黄金时代已经落幕，失去了往日的辉煌。值得庆幸的是，"致中和"这个品牌还留给人们一种遥远的记忆，五加皮酒的酿造技法依然散落于民间，曾经参与酿造"严东关五加皮酒"的师傅仍然存世，这一切都给"致中和"得以光复重生留下了几点希望的火种。

1958年4月，建德县人民政府为加速经济恢复和发展，决定重新恢复生产严东关五加皮酒，由淳安县茶园酒厂、朱广裕酱油坊、港口源济酱油坊在建德县白沙镇合并组建地方国营新安江酿造厂。

1962年12月，原建德县酒厂（梅城）生产的严东关致中和五加皮酒并入新安江酿造厂，"致中和"品牌复现人间。

1980年9月，更

公司职工代表大会（浙江致中和实业有限公司提供）

酿酒陶缸(浙江致中和实业有限公司提供)

产品检测(浙江致中和实业有限公司提供)

名为建德县严东关加皮酒厂。1992年建德撤县设市，企业更名为建德市严东关五加皮酒厂。1998年1月企业改制，成立浙江致中和酒业有限责任公司。2000年5月工厂由新安江镇严东关路9号整体搬迁至洋溪街道。2010年5月，杭州宋都控股入主致中和，成立浙江致中和实业有限公司。2012年6月7日，一个占地300亩的新厂区在杨村桥镇破土动工，

新安江厂区(浙江致中和实业有限公司提供)

新安江厂区(浙江致中和实业有限公司提供)

同年12月15日举行3万吨健康酒生态酿造基地奠基典礼。

在计划经济年代，"致中和严东关五加皮酒"按照计划经

洋溪厂区（浙江致中和实业有限公司提供）

济体制运行，主要是保障供应当地百姓，成为那个时代百姓餐桌上的主要酒品。

[肆] 发展

改革开放后，严东关五加皮酒业也焕发了勃勃生机，体制进行了转变，创造性的活力开始激发，技术改造、技术革新后，先后获得省优、部优，五加皮酒的销量增加，名声虽远，却效益一般。其规模和效

荣誉（浙江致中和实业有限公司提供）

益明显无法与清末民初的盛况相匹敌。

1998年，儒商白智勇入主致中和严东关五加皮酒厂，改制为浙江致中和酒业有限责任公司，传承着深厚的历史文化积淀，致力于品牌创建和营销。

2000年，"致中和"五加皮酒荣获浙江省著名商标。

2002年，"致中和"五加皮酒被评为浙江省名牌产品。

2004年，"致中和"字号被评为浙江省知名商号。

2005年，在中央电视台黄金时段广而告之，

荣誉（浙江致中和实业有限公司提供）

荣誉（浙江致中和实业有限公司提供）

浙江省委原书记铁瑛视察五加皮酒厂（浙江致中和实业有限公司提供）

五加皮酒系列产品（汤峥嵘摄）

五加皮酒系列产品（李茂祥摄）

五加皮酒历史荣誉（汤峥嵘摄）

"每天回家喝一点"家喻户晓，老少皆知，五加皮酒的养生保健理念深入人心。五加皮酒的产能和销量都陡然而起。

2006年，"致中和"商号被商务部授予"中华老字号"称号，公司成为我国露酒行业中获此殊荣的企业之一；"严东关五加皮酒"经申请被国家质检总局认定为国家地理标志保护产品，成为受国家地理标志制度保护的露酒产品。

2007年，由公司主持起草了《GB/T 21821-2008 地理标志产品 严东关五加皮酒》国家标准，并于2008年5月颁布，从10月1日起正式实施。

公司通过运筹帷幄，内抓改革、抓品质，外拓市场、重宣传，从

厂商大会 (浙江致中和实业有限公司提供)

而纳入轨道、渐入佳境。出现了企业产销两旺的局势,使"致中和"五加皮酒香飘四海。

2010年4月,宋都控股集团正式收购浙江致中和酒业有限责任公司,并成立浙江致中和实业有限公司,旨在提升致中和的产品品质,深入发扬致中和的品牌精髓。

宋都控股集团董事长俞建午认为,"致中和"品牌蕴含传统文化及传统工艺的能量巨大,这是一张中华民族的传统文化名片,相信在不久的将来,必将光芒耀眼、名震寰宇!

为实现这一战略目标,宋都控股集团接连打出一套组合拳:

一是精心专业研究。2011年5月,成立了浙江省致中和生物健康食品研究院,聘请国家白酒专家组组长、酒界泰斗沈怡方教授级高工为浙江致中和生物健康食品研究院的名誉院长,聘请江南大学徐岩教授为"致中和"首席科学家,聘请我国著名白酒专家李大和、酒类分析检测专家金佩璋等为"致中和"科技顾问团高级顾问。

作为独立的高层次研究开发机构,研究院担负着致中和产业发展、产品开发、品质改良、技术改造、技术攻关等多项重任。

二是培育创新人才。技术创新,人才为本。在技术人才队伍建设上,公司坚持培养和引进相结合的工作方针,加快公司技术人才引进步伐,促进技术人才作用的发挥。公司引进各类专业人才112人,拥有国家级品酒师8人,高级职称人员7人,高级技师8人,具有初

五加皮酿酒制作技艺培训班（浙江致中和实业有限公司提供）

级以上职业资格人员63人。公司注重加强对现有技术人才的培训提高和技术创新，制定了《技术人员培训学习奖励规定》和《技术创新奖励办法》，鼓励技术人员开展技术创新活动。通过多年的积累，目前公司拥有技术、业务、企划、营销、管理等各类人才260余人，为企业发展提供了强有力的人才队伍保障。

三是强化质量管理。质量是企业的生命。"致中和"五加皮酒长期保持这一质量特性，靠的就是严格的质量管理。公司始终不渝地把保证产品品质和质量安全作为企业生命线。在全市食品生产加工企业中率先引入并通过了ISO9001国际质量体系认证，使原材料采购、生产加工、质量检验、产品销售等各环节均纳入控制和管理。

四是打造一流品牌。公司不断加大广告投入，利用现代传媒手段进行宣传，并在中央电视台广而告之，"致中和"五加皮酒已成为享誉全国的著名品牌。"致中和"五加皮酒产销量每年都有大幅度的增长，已形成家饮、排档、礼品三大系列二十余个品项产品，包装规格大、中、小齐全，产品形态和谐一致的产品系列，适应了市场需求，使企业实现了跨越式发展。

2010年，公司新征300多亩土地，建造集产品生产、"致中和"五加皮酒历史文化展览、厂区观光旅游、名优产品展销于一体的大型生产旅游基地项目，借以发挥五加皮酒历史文化和千岛湖旅游资源优势，促进企业发展。同时，以现有的五加皮酒为根本，围绕"草本调理"的产品开发宗旨，加快推出新品，力争更上一层楼。

五是拓展销售渠道。公司专门投资设立了400免费服务热线，使顾客的服务需求及时得到满足；营销部门建立了顾客档案，指定专人定期走访客户，及时掌握顾客对公司及产品的意见要求；公司24小时都有专人处理顾客投诉。经过多年坚持不懈的努力，公司的诚信经营得到了社会的广泛认同。

公司以市场为导向，不断调整营销策略，巩固和发展销售市场，使"致中和"五加皮酒市场占有率逐年稳步提高。目前，公司产品销售已经形成了稳定占据浙江市场，巩固扩大江苏、上海、江

非遗参展（浙江致中和实业有限公司提供）

公益活动（浙江致中和实业有限公司提供）

西、广西壮族自治区等省、市、区重点市场，积极拓展全国市场的市场营销格局。

[伍]价值

严东关五加皮酿酒技艺，是我国劳动人民在长期的生产、生活实践中摸索出来的杰出产品，是中华传统文化催生出来的智慧结晶，是中国人对大自然规律的认识与敬畏等重要文化元素，彰显了沉积千年的历史价值和文化价值，即使在现代生活中，仍然具有很强的现实意义和应用价值。其含蕴着自然健康的养生价值和历久弥新的品牌价值和经济价值。

严东关五加皮酒品牌价值精髓与核心就是倡导天人合一、和谐共存的自然法则，坚持中华文化"中庸和谐"的理念，按照《神农本草经》理论："上药一百二十种为君，主养命以应天……中药一百二十种为臣，主养性以应人……下药一百二十五种为佐使，主治病以应地……药有君、臣、佐、使，以相宣摄。"

严东关五加皮酒是按照传统中医理论将多味地道名贵中草药，经过"君臣佐使"精心配置，再经严格的"四度浸提"工艺流程，酿制出来的纯粮养身酒，甘醇爽口，兼有活血祛湿之功效。严东关五加皮酒中含蕴着深刻哲理和不朽古训，得益于"严州文化"的孕育和滋养。这一切都已融入人们的血液之中，铭记在人们的心里，引领着严东关五加皮酒的生命延续，并与现代人"天然、草本、绿色、健康"的理念高度吻合，变成了中华民族共同的精神财富和物质财富。

严东关五加皮酒选料严格，配方科学严谨，工艺讲究，凝聚着传统酿酒和中医的实践经验，具有消疲解乏、驱寒祛湿之功效，深受劳动人民尤其是渔民的喜爱，是中华传统养生文化、酒文化的生动载体，具有较高的历史文化价值、文化传播价值、产业经济价值和工艺研究价值。

一、历史文化价值

五加皮酒历史悠久，元明时期民间已广泛酿制，兴盛于浙江建德新安江一带。清同治二年（1863），徽商朱仰懋创办致中和酒坊，酿制致中和严东关五加皮酒，传承至今，已有160多年的历史。

严东关五加皮酒"色、香、味、药"俱佳，融合了"中庸"文化和致中和品牌的"和"

小学生参观严东关五加皮酿酒技艺博物馆（浙江致中和实业有限公司提供）

文化等元素。浙江致中和实业有限公司按照师徒相传方式传承古法酿酒技艺。按照国家标准对酒类澄清度、色度等标准进行提高，生产中已把传统的棉布过滤改为硅藻土、膜过滤工序，酒体更加清澈透明，保留"色如榴花，香若蕙兰，金黄挂杯"的特征。为了保证传统工艺的有效传承，每年按传统古法工艺生产贮存一批严东关五加皮酒。

严东关五加皮酿酒技艺博物馆现建有500平方米。内有严东关五加皮酿酒技艺发展历史、传承谱系、工艺流程、技艺特征等图版展览，并有制作工具以及酿酒技艺相关的出版物、影像资料等。自开放来共接待来自高校和中小学的师生及研究所的学者与市民游客共计10万余人次。

二、文化传播价值

严东关五加皮酒参加了1876年新加坡南洋商品赛会、1915年巴拿马万国博览会，并取得一金一银的成绩。在东南亚地区一直享有盛誉。以省级非遗代表性传承人白洪利、钱建华等人为核心，带徒授艺，培养了一批酿酒技术骨干人员，保护传承严东关五加皮酒的古法酿酒技艺。制定了《GB/T 21821-2008 地理标志产品 严东关五加皮酒》国家标准，成为国家地理标志产品。

三、产业经济价值

企业建有药材种植基地，集中采集野生药材，有助于乡村振兴和地方经济社会发展。浙江致中和实业有限公司具有较强的传承能力和社会实践能力。2018年，致中和严东关五加皮酒产量约8000吨，年产值达到1.8亿元。

四、工艺研究价值

严东关五加皮酒选料严格，配方科学严谨，工艺讲究，凝聚着传统酿酒和中医的实践经验，是中华传统养生文化、酒文化的生动载体，具有很高的科学价值。严东关五加皮酒以优质的纯粮白酒、蜜酒作为酒基，融合以五加皮为主的中药材，借助当地独特的地理气候条件和优质水源，历经制曲、发酵、浸汁液、蒸馏等工序秘酿而成，形成了以"二次发酵""四度浸提"为核心的一整套酿酒工艺，其技艺独到、风味纯真。

（一）古法酿酒工艺独到。以当地的优质高粱、荞麦为原料，传承古法酿酒技艺，采用蒸煮、摊凉、拌曲、入缸固态发酵、土甑蒸馏等传统工艺，通过第一次发酵酿制出优质的清香小曲白酒。

（二）采用独到的"二次发酵"传统技艺酿制五加皮酒的"娘酒"。以当地优质糯米、五加皮为原料采用传统淋饭技艺经过7~15天的第一次发酵，再掺入适量的五加皮及中药浸提液进行第二次发酵，发酵三个月以上酿制而成。

（三）采用独特的"四度浸提"传统技艺提取五加皮为主的中药汁。将以五加皮为主的中药材经过常温浸提、循环浸提、加热浸提、蒸汽浸提四道工序浸提而成。

[陆]影响

五加皮酒自创立以来，一直深受广大顾客的喜爱，许多专家学者、文化精英及政治人物，都对五加皮酒予以高度的评价。

1958年，建德县人民政府为加速经济恢复和发展，决定重建严东关五加皮酒厂，"致中和"品牌复现人间。1959年4月9日，周恩来总理到建德视察正在建设中的新安江水电站工地时，工作人员拿"致中和"五加皮酒招待总理。总理高兴地浅尝了一口，满意地说了一句："这是东部茅台呀！"当地领导向他介绍了"致中和"五加皮酒的传奇经历，周总理听后说："老字号不能丢呀！"

1998年，建德市举办新安江艺术节，著名歌唱家蒋大为应邀出席，其间到公司参观考察，并题下了"百年风流"。

2006年，连战先生来建德，当他在晚宴上喝到五加皮酒时，赞不绝口。

江南大学校长、长江学者、博导徐岩教授在对致中和五加皮酒进行科研规划时说，致中和五加皮酒是中国元素最多、最集中、最典型的表现。因为基酒中包含了中国传统方式酿造的小曲酒、蜜酒、红曲酒，酒中辩证完美的中药组方和萃取方式，酒颜色所呈现出来的中国红，万年红标签和体现中庸文化的品牌。这一切，都为致中和五加皮酒的科学研究提供了丰富宝藏，也是致中和五加皮酒最

蒋大为莅临展会现场（浙江致中和实业有限公司提供）

终能够在餐桌上流行起来、成为中国元素传播媒介、成为下一个市场容量最大酒产品的潜力和魅力所在！

［柒］结论

　　严东关五加皮具有独特的酿酒技艺：它既不同于一般的泡制酒（泡制酒是用水果、药材等质介直接浸泡于白酒之中，通过酒液慢慢将质介中的液汁析出，如杨梅酒等）；又不同于用其他原料酿酒（如用莲子、番薯酿成的酒等）；也不同于用水果汁调和的果汁酒。严东关五加皮，是以"二次发酵""四度浸提"为核心的酿酒工艺酿造而成。

严东关五加皮酒采用独特生产原料和生产工艺，具有呈榴红、泛金黄的天然色泽，挂杯明显，酒体醇厚、口味怡畅、甜绵爽净、馥郁悠长。

三、原料器具

严东关五加皮酒生产历史悠久，是中国传统养身实践和生命科学的智慧结晶。严东关五加皮酒以优质白酒为酒基，融合当归、玉竹、五加皮、砂仁等多味中药材，添加蜜酒、白糖等精心酿制而成。致中和

三、原料器具

致中和严东关五加皮酒生产历史悠久，是中国传统养身实践和生命科学的智慧结晶。严东关五加皮酒以优质白酒为酒基，融合当归、玉竹、五加皮、砂仁等多味中药材，添加蜜酒、白糖等精心酿制而成。

[壹]原料

古时候，技艺的传承，全靠师徒之间手把手地教，口耳间的交流。因而酿酒技艺本身体系庞杂，包括酿酒原料、用水、制曲、药材、器具的选择，酿造过程的独门绝技的运用，都无不充满一种神秘感。

在漫长的历史长河中，各地曾经出现过享誉人间的地域性的美酒品种，但因为社会的动荡、战争、天灾、人祸、饥荒等因素，不得不中断酿造技艺的传承。幸运的是，严东关五加皮酿酒技艺却被保留了下来。

严东关五加皮酒之所以能够出彩，是因为前辈们在酿制过程中，十分注重原料的精选，注意微小的细节，注重地理环境的选择。

一、选择水源

酿酒选水还要讲究季节,元代贾铭在《饮食须知》中对多种天然水的功能作了说明,他认为:梅雨水味甘性平,不宜用来酿造酒或者醋。这时的露水味甘性凉,百花草上的露水都可以用。取秋天的露水来酿造酒,人们称其名曰"秋露白",香洌最佳。二十四个节气中,立春、清明两个节气所贮存的水叫"神水",适宜用来制丸散药酒,久留不坏。谷雨时节,江中的水很好,可以用来造酒,储久色绀味洌。小满、芒种、白露三个节气的水含有毒素,无论造酒药还是酿酒造醋等,都容易败坏,人吃了容易生脾胃疾。寒露、冬至、小寒、大寒四个节气及腊日水,宜造滋补丹丸、药酒,这时的水与雪水同功。

以前,蜜酒要用冬水(冬至到立春前)酿造。这是因为冬天水质较好:冬季温度较低,微生物和细菌繁殖能力较弱,故而水质较好。

总之,酿造水应该是无色、无味、无臭、清亮透明的,酸性值在中性附近,可含少量铁、锰等微量元素,但必须避免重金属污染,有机物含量不能超过卫生标准,细菌总数、大肠杆菌的量应符合国家卫生标准,不得存在产酸细菌。

古人非常重视水质对酿酒的关键性作用:旧时人们把酿酒的用水分为酿造水、冷却水、洗涤水、锅炉水等,而其中酿造用水是最重要的,因为它直接参加糖化、发酵等酶促反应。俗称"水为酒

优质水源（蒋惠松摄）

之血"，高品质的水源是酿出佳酿的关键。白酒的成品中水的含量占60%左右，故而水质好坏直接影响酒的品质和风味。北魏贾思勰《齐民要术》中不仅有许多选择优质水的方法，而且还有汲取、净化，运用于酿酒的操作法，其《造神曲并酒》专章提道："造酒法，淘米及炊釜中水，为酒之具有所洗浣者，悉用河水佳也。"就是说，无论是淘米用水、煮饭用水，还是洗涤酿酒器具用的水，都是以河水为最佳。因而，各地所酿制的酒都具有明显的地域性特征。正如元代方志《至正金陵新志》在分析金陵产美酒原因时说："或谓水味然也。"足见水质对酿酒的重要性和关键性。

朱仰懋，一个饱读圣贤书的儒生，一个家传的商人后代，一个悬壶济世的郎中，作为想开拓新局面的创始人，他不可能不知道水质对于酒的重要作用。于是他便将厂址选在了乌龙山脚的严东关的一个小山湾里。

　　　天高悬日月，地厚载山川。
　　　美兮五加皮，妙哉严东关。

　　山湾里有一条小溪流经周边，酒坊围墙边上还有一眼从岩石缝里汩汩涌出的山泉：泉水清冽甘甜、冬暖夏凉、旱而不涸、涝而不溢、酸碱适中、硬度低、无杂质、微量元素丰富。优美的环境及优良的水质，这是严东关五加皮酒能够经久不衰的原因之一。

　　再说，严东关离城区不远，只有一公里，沿途桅杆耸立、舟楫成行、商铺林立、酒幡飞扬，是一个闹中取静的地方。古时这条路上，官、私酒坊林立，各式各样品牌酒多出于此。经过码头，五加皮酒顺着三江的流水运抵大江南北。昔日严东关码头酒坛如山的景象，至今仍为人们津津乐道。

　　1958年建德县白沙镇上游七公里处开始拦截建坝，建造了我国第一座自己设计、自己建造的水力发电站——新安江水力发电站，坝高108米，蓄水178亿立方米。另还在建德县与桐庐县交界处建造了另一座水力发电站——富春江水力发电站。由于富春江水电站建造

新安江水电站（李茂祥摄）

后，水位上升，以及新安江水电站泄洪，严东关地处较低，致中和严东关五加皮酒厂被水倒灌，经县政府批准搬迁到白沙镇（后改新安江镇）所在地，从此致中和严东关五加皮酒酿造用水为离新安江水力发电站三公里水厂取水口。

如今新安江水是经过新安江大坝拦截，经过沉淀、自净后，从70米以下的坝底流出来的新安江水，就是"有点甜"的独特天然水：一是新安江水清纯爽口，水质奇佳；二是按照国家标准《生活饮用水卫生标准》对新安江水进行理化检测，结果对人体有害的物质如重金属含量大大低于国家标准；三是新安江水的集水区域涵盖了皖南和浙西地区的广阔范围，集水区域的地质构造、地表土壤、矿物成分都十分丰富。这是严东关五加皮酒得以酒色醇香浓厚的重要成因。

曾有国内同行知名企业以严东关五加皮酒工艺及原料、中药材，乃至工人、技术人员进行异地生产，却怎么也达不到预期效果。也就是说，严东关五加皮酒与产地具有密不可分的关系，无法异地克隆。

附：严东关五加皮酒的指标

	项目	指标
理化指标	酒精度/（20℃）%vol	32.0—38.0
	总糖（以蔗糖计）/（g/L）	50—120
	总酸（以乙酸计）/（g/L）	0.20—1.00
	总黄酮（以芦丁计）/（mg/L）	≥250
感官指标	色泽	呈榴红、泛金黄的天然色泽，挂杯明显，无外来杂质
	香气	药香、酒香合成的馥香，浓郁协调
	口味	酒体醇厚、口味怡畅、甜绵爽净、余味悠长
	风格	具有严东关五加皮酒的典型风格

二、选择粮食

粮乃酒之骨，酒是粮食精。我国的酿酒技艺历史悠久，种类繁多，文化内涵丰富，地域特色明显。严东关五加皮酒作为传统名酒之一，其深厚的历史沉积和自成体系的酿造技艺，不仅体现了传统酒文化的多样性和独特魅力，而且也从一个侧面折射出中华文化多元

融合和在实践中不断开拓创新的发展活力。

严东关五加皮酿酒技艺是我国古代米酒酿造技艺的典型代表和完整文化遗存形态。它继承、发展了以糯米为原料，以白曲为糖化发酵剂的古法酿造技艺。但这种技艺，一直是在民间流传却又秘而不宣，全凭师徒之间口耳相传，含蕴着古老中国酿酒智慧和传统，拥有丰富的文化内涵和独特的魅力。

严东关五加皮酒需要用一种蜜酒作引子，使"酒偕药功，药携酒力"达到最佳功效。蜜酒需要用上好的糯米、优质的酒曲和水为主要原料，经独特技艺酿制而成。它的工艺流程比较复杂，涉及微生物学、有机化学、生物化学、无机化学等多学科知识，我们古人虽然没系统学过甚至不知道这些学科知识，但这些手艺人，却在实践中运用了这些精深的科学原理。

中国的传统酒，都是以稻米或者其他谷物为原料，以酒曲或者酒药又加酒母为糖化、酒化剂，经过制醪发酵、压榨分离、煮酒灭菌、入窖陈化等工序加工而成。其成品酒大多色泽清亮、风味甘甜醇厚。

中唐以前，粟是主要粮食品种，故酿酒的原料也以粟为主。中唐之后，随着江南开发，农业经济的重心逐步向南方转移。而江南则号称"鱼米之乡"，南方以稻谷为最主要的粮食作物，所以，酿酒原料也改为稻米为主，尤以糯稻为重。

在古代，糯稻是酿造美酒的主要原料。糯稻还成为贡酒制作原料的首选。《本草纲目》记述："汉赐丞相上尊酒，糯为上，稷为次，粟为下。"酒是

优质稻米（汤峰嵘摄）

"专用糯米，以清水白面曲（酒母）所造为正"。李时珍在《本草纲目》中谈到糯米酒时说"饮之至醉、不头痛，不口干，不作泻"。

为什么糯米是酿造美酒最好的原料呢？主要有以下几个方面的原因：

首先，糯米分子结构比较疏松，米质柔软，吸收性强，容易蒸熟和糊化，利于发酵的进行。

其次，糯米所含蛋白质和脂肪容易在制作过程中除去，如果原料中含有过多的脂肪和蛋白质，氧化后有异味，会影响酒的风味和口感。

再次，糯米的淀粉含量比其他稻米高，品质优，而且所含的大多数是支链淀粉，含糊精和低聚糖较多，酿出的酒更为浓厚甘甜。

糯米依照外形分成长米、短米两种，外观形状细长的是籼糯

（长糯米），颜色呈粉白、不透明状，黏性强；圆短的是粳糯（圆糯米），颜色呈白色、不透明状，口感甜腻，黏度稍逊于长糯米。想直接从外观分辨出糯米其实不难，糯米是不透明的白色颗粒；而稻米则是半透明的，能够透出光线。

糯米最大的特点就是直链淀粉值低、支链淀粉值（胶性淀粉）高，煮后的黏性相当高、口感却比一般米更硬，加上容易消化不良，所以很少直接当主餐食用，多用来做成年节的米食制品。

严东关五加皮酒酿制时需要调入蜜酒，使酒体丰满、口感绵柔甘润。蜜酒要求选用当年收获的上等糯米为原料，如果是陈年糯米则溶解性差，发酵时所含的酯类物质易转化为含异味的物质，导致浸米水带苦味。上等糯米颗粒饱满，外观为乳白色，黏性好，含杂质少，无异味，如果糯米中含有其他杂米，则会导致浸米吸水，蒸煮糊化不均匀，饭粒返生老化，沉淀生酸，影响出酒率和酒的品质。

当年产糯米酿制出酒率高，香气足、杂味少，有利于长期贮存。但由于糯米产量低，价格较高，不能满足生产需要和降低成本的要求，20世纪，不少酿酒作坊改选原料，用粳米和籼米代替糯米，造成酒品质下降。

严东关五加皮酒的开创者们，一直主张真材实料，条件再艰难，也坚持用优质糯米来酿酒。可在稻谷产量并不多的时代，农民很少会种糯谷。因为糯米产量低、黏性高，口感虽好但又不耐吃。农民们种植糯米，主要用于过时节包粽子、舂麻糍、做冻米糖，这在当时属于一种生活的奢侈品。因而，一般农民家庭只种很少的糯米，毕竟民以食为天，吃饭是第一，这是硬道理。

那么，严东关五加皮酒，如何才能获得足够的优质糯米呢？

一是定点种植、定点收购。他们先在安徽、福建、浙江等地农村，找准适合种植糯谷的田地。采用先付定金，签订收购合同。鼓励村民种植，到秋后，或以高价收购，或以一定比例的粳米、籼米跟村民换取糯米。这样，既能让村民种植糯米，确保酿造原料基本无忧，又能让村民换取自己需要的米，确保一年衣食无忧。

二是异地收购、高价求购。对那些没有签订合同的地方，他们一到秋收季节，就派人下乡，大量收购糯米（谷），或以粳米换，或以高价买，以弥补酒坊糯米原料不足之需。

三是自己种植。经过几年的经营，逐步有了积蓄，便租约了一些田产，自己雇工种植糯米，作为一种自种自销的补充方式。

用纯糯米酿造的蜜酒，封缸时间越长，口感越甜蜜，不仅醇香浓郁，且有"驻颜美容、养肝补肾"功效，男女适用。

喝五加皮酒时要做到"一抿二品三下肚"。首先喝酒时微微入一小口，含在嘴里轻轻抿一下。其次吧唧下嘴，自己去感觉下五加皮的独特风味。最后再把嘴里的酒慢慢下咽，细细品味。

三、选择药材

用中药配酒，在中国由来已久。如唐代《外台秘要》《千金方》，宋代《太平圣惠方》，明代《本草纲目》《普济方》及清代《清稗类钞》等古籍中，均有五加皮酒的记载。

中药浸酒的目的性非常明确：如端阳节，为了辟邪、除恶、解毒，有喝雄黄酒、菖蒲酒等习俗。明代刘若愚在《明宫史》中记载："初五日午时，饮朱砂、雄黄、菖蒲酒、吃粽子。"清代顾铁卿在《清嘉录》中也有记载："研雄黄末、屑蒲根，和酒以饮，谓之雄黄酒。"

为了壮阳增寿而饮蟾蜍酒，镇静安眠而饮夜合欢花酒等习俗，在《女红余志》、清代南沙三余氏撰的《南明野史》中有所记载。

酒与药物的结合是饮酒养生的一大进步，主要有三方面的作用：一是酒可以行药势。"酒为诸药之长"，酒可以使药力发挥到极致，使理气行血药物的作用发挥得更充分，也能使滋补药物补而不滞。二是酒有助于药物有效成分的析出。酒是一种良好的有机溶媒，许多物质不溶于水却溶于酒。中药的多种成分都易溶解于酒精之中。酒精还有良好的通透性，能够较容易地进入药材组织细胞中，发挥溶解

五加皮药材（汤峥嵘摄）

配伍药材（汤峥嵘摄）

作用，促进置换和扩散，有利于提高浸出速度和浸出效果。三是酒有防腐作用，一般药酒能保存几个月甚至几年而不变质，这就给饮酒养生的人带来极大的方便。

另外，酒本身就具有"药"的功能。酒性温而味辛，温者能祛寒、疏导，辛者能发散、疏导，所以酒能疏通经脉、行气活血、蠲痹散结、温阳祛寒，疏肝解郁、宣情畅意；酒又为谷物酿造之精华，故还能补益肠胃；酒还能杀虫驱邪、辟恶逐秽。《博物志》有一段记载：王肃、张衡、马均三人冒雾晨行。一人饮酒，一人饮食，一人空腹；空腹者死，饱食者病，饮酒者健。这表明"酒势辟恶，胜于作食之效也"。根据中医理论，气血运行迟缓者、年老者、阳气不振者，以及体内有寒气、痹阻、瘀滞者，适宜饮酒养生。

药酒随所用药物的不同而具有不同的性能，用补者有补血、滋阴、温阳、益气的不同，用攻者有化痰、燥湿、理气、行血、消积等的区别，因而不可一概用之。体虚者用补酒；血脉不通者则用行气活血通络的药酒；有寒者用酒宜温；而有热者用酒宜清。有意行药酒养生者可以在医生或营养师的指导下做选择。古人深谙其妙处，中国这才有了非同凡响的三千年药酒的历史。

中国古人将酒的作用归纳为三类：酒以治病，酒以养老，酒以成礼。

严东关五加皮酒是以中药中的南五加皮、当归、砂仁等多种滋补药材，加特酿白酒、蜜酒，精心酿制而成，饮之舒畅开怀，能吸收最自然的营养成分，有助于增强人体的免疫力，可谓集酒类之醇美与滋补品之保健于一体。

严东关五加皮酒的核心内涵，在于选用道地的药材，合理的配比，然后再进行浸提。严东关五加皮的创立者朱仰懋是一位在"九德堂"的中医师，他自然明白制药的原理和分离出药汁精华的方法。

首先是讲究道地药材的精挑细选，中药是一门深奥而玄妙的学问，药材讲究地理品质，也就是各地水土不同，微量元素含量也不

同, 所产出的药材质量也有异。它包括了几个方面:

一是指同品种异地产的药材。如五加皮、当归、肉桂、栀子等, 产地不同, 药效差异很大。

二是指同一种药材, 国内外都有, 但在中医理论指导下应用, 则具有独特的疗效。

三是指原产其他国的药物流传入中国之后, 经过发展, 成为常用中药, 这些药物在中国已经引种成功, 如枸杞子、木香等。

四是指经加工而形成的药品, 其"道地"所在主要是指中药材产地的考究和药材有效成分。如:

南五加皮: 产地湖北、湖南、浙江、四川

呈不规则卷筒状, 长5～15厘米, 直径0.4～1.4厘米, 厚约0.2厘米。外表面灰褐色, 有稍扭曲的纵皱纹和横长皮孔样斑痕; 内表面淡黄色或灰黄色, 有细纵纹。体轻、质脆、易折断, 断面不整齐、灰白色。气微香, 味微辣而苦。

【性味与归经】辛、苦。温。归肝、肾经。

【功效】祛除风湿, 补肝肾, 强筋骨, 利水消肿。

玉竹: 产地磐安

呈长圆柱形, 略扁, 少有分枝, 长4～18厘米, 直径0.3～1.6厘米。

表面黄白色或淡黄棕色，半透明，具纵皱纹及微隆起的环节，有白色圆点状的须根痕和圆盘状茎痕。质硬而脆或稍软，易折断，断面角质样或显颗粒性。气微、味甘、嚼之发黏。

【性味与归经】甘、平。归肺、胃经。

【功效】滋阴润肺，生津养胃。

当归：产地甘肃

呈不规则卷筒状，长5~15厘米，直径0.4~1.4厘米，厚约0.2厘米。外表面灰褐色，有稍扭曲的纵皱纹和横长皮孔样斑痕；内表面淡黄色或灰黄色，有细纵纹。体轻、质脆、易折断，断面不整齐，灰白色。气微香，味微辣而苦。

【性味与归经】甘、辛，温。归肝、心、脾。

【功效】活血止痛、补血调经、润肠通便。

栀子：产地建德三都、江西

呈长卵圆形或椭圆形，长1.5~3.5厘米，直径1~1.5厘米。表面红黄色或棕红色，具6条翅状纵棱，棱间常有1条明显的纵脉纹，并有分枝。顶端残存萼片，基部稍尖，有残留果梗。果皮薄而脆，略有光泽；内表面色较浅，有光泽，具2~3条隆起的假隔膜。种子多数，扁卵圆形，集结成团，深红色或红黄色，表面密具细小疣状突起。气微,味微酸而苦。

【性味与归经】苦、寒。归心、肺、胃、三焦经。

【功效】清热泻火、凉血、解毒、利湿。

为能采购道地药材,朱仰懋通过药商到浙江、河南、湖北、安徽、甘肃、云南等地去采购。一丝不苟地加工,认真细致地浸泡,达到药效最优化。

[贰]配方

严东关五加皮酒讲究"酒偕药功,药携酒力"的互相推动、互相作用。

"酒偕药功",酒是一种良好的有机溶媒。中药的多种成分都易溶于其中,酒进入药材的组织细胞中,促进置换,扩散,可以把药材中脂溶性、水溶性的有效成分全部溶出,有利于加快浸出速度并提高药效。此外,酒善行药势。使理气行血药物的作用得到发挥,达于脏腑、四肢百骸,也能使滋补药物补而不滞,故自古有"酒为百药之长"的说法。

"药携酒力",年份原浆与药食同源的本草配伍融合后,窖藏于恒温恒湿的紫砂陶坛中,使酒中成分与天然植物营养素相互融合、吸收后自然醇化,祛除酒中辛辣暴躁的小分子物质,使酒力温和且营养丰富,陈酿出养生之精华。

严东关五加皮酒由五加皮、枸杞子、砂仁、木香、当归、丁香、栀子、玉竹、肉桂、红曲米、蜜酒等组成。

五加皮为君,补肝肾、祛风湿、强筋骨,其中五加皮辛苦温入肝肾经。《本草纲目》"治风湿痿痹,壮筋骨填精髓",《本草再新》补入"祛风消水,理脚气腰痛"。

以枸杞、木香、砂仁、玉竹为臣。枸杞子在《神农本草经》被列为上品,有养肝肾益精血,明目安神生津之效。"久服,坚筋骨轻身不老,耐寒暑。"《千金》卷十二中记载,五加皮酒由五加皮、枸杞根皮组成,治虚劳不足。砂仁化湿行气,温中止呕止泻,木香行气止痛,温中和胃。玉竹养阴润燥、生津止渴,风湿痹者服之无伤胃之弊。

佐以丁香、当归、肉桂、栀子。丁香散寒止痛,温肾助阳,活血补血,以增化湿散寒通痹之功。当归甘能补润,辛温行散。肉桂主归脾、肾、心、肝经,《神农本草经》又曰"治一切风气,补五劳七伤,通九窍,利关节,益精明目,暖腰膝……治风痹,骨节挛缩,缩筋骨,生肌肉"。栀子苦寒清降,主清三焦火邪,又入气入血,普于清透,疏解郁热,以防诸药辛温太过,是谓反佐。

蜜酒为使。辛温散寒通脉引诸药归经,以增全方补肝肾,祛风湿,温中散寒,活血通络止痛之功。

全方集温补清降于一炉,祛风湿强筋骨而无碍脾胃,温胃散寒而无助火之弊,实为治风湿久痹,脾胃虚寒疼痛之妙剂。

[叁] 器具

传统蜜酒酿制最常见的工艺流程为：浸（米）泡—蒸煮—摊凉—拌曲—发酵—出酒—储存。

这种使用固态糯米前发酵，满堂后加浆使之后发酵方法延至今。在整个酿造过程中，需用到许多器具。

蒸煮类主要有饭甑。在旧时，没有大规模的电器设备，只能采用土砖垒灶，安置一口特大的铁锅，铁锅上再将大饭甑用黄泥拌糯米饭捣碎，然后糊住，形成特大的蒸煮器物。

饭甑：流行于中国南方的民间炊具。一般是上大下小桶状，通常使用杉木制成。杉木纹理通直，结构均匀，强度相差小，不翘不裂，材质轻韧，强度适中。杉木材质柔软，容易加工成型，不会像松木等有树脂渗出，适合作为饮食用具。中间用竹篾编织的藤条捆住，两侧有耳方便端持，有盖，底部有镂空底盘让蒸汽透过。

而酿酒所用的饭甑特大，圆形，上无盖，下底用棕丝编织，盛放原料糯米进行蒸煮。其大小不一，一

饭甑（汤峰嵘摄）

般一次能蒸一百多斤米。

辅助类主要有：竹篓、竹席、木耙、笕篱、榨袋、木榨等。

竹篓：由细竹丝编成，主要用于洗米、淋米。

竹席：一般以水竹、毛竹等为原料，将竹皮劈成篾丝，经蒸煮、浸泡等工艺后以手工编织而成。一般为长方形，主要是用于摊蒸熟后的糯米饭。

竹耙：由竹条或木条制成的一种有五齿或七齿的工具，因为刚蒸熟的米饭，成堆堆在席上，如果不及时扒匀则糯米容易凝结成块，如果用手去摊又容易烫到手，所以只能用竹耙去扒拉、摊匀、阴凉。

竹耙、笕篱等工具（汤峰嵘摄）

笕篱：系木质或者竹质，用于发酵过程中的搅拌。

榨袋：由生丝织成，将酿制后的酒水和酒糟的混合物装入袋内，先沥干或者直接放入木榨内。

木榨：材料系木制，制作较为复杂，为一杠杆式压榨机，每一个榨杠高低不一，上层榨杠较浅，下层榨杠较深。还有与酒榨一起使用榨袋，以及压榨用的压榨石。榨袋和木榨均用于榨酒。

经过压榨，酒水与酒糟分离，酒水继续进入酿制程序，而酒糟则脱离轨道，成为猪饲料或者做其他用途。

木榨（汤峰嵘摄）

陶缸：中国古代一直用来盛酒或贮藏酒的容器。用其贮藏酒，可保持酒质在窖藏过程中不受外界的影响，即使贮藏多年也能保持原有的口感。

陶坛：是一种用于贮藏酒的容器。因缸太大又搬运不便，而且密封不易，而酒坛的肚子大而嘴小，易于密封保存和贮藏，且搬运方便。

四、酿造过程

严东关五加皮酿酒技艺继承了固态发酵、蒸馏、中药浸渍等传统工艺，选用纯粮白酒、糯米蜜酒、药汁、白砂糖等为原料，历经蒸煮、摊凉、拌曲、入缸固态发酵、土甑蒸馏等工序，形成了以『二次发酵』『四度浸提』为核心的一整套酿酒工艺。

四、酿造过程

严东关五加皮酿酒技艺继承了固态发酵、蒸馏、中药浸渍等传统工艺，选用纯粮白酒、糯米蜜酒、药汁、白砂糖等为原料，历经蒸煮、摊凉、拌曲、入缸固态发酵、土甑蒸馏等工序，形成了以"二次发酵""四度浸提"为核心的一整套酿酒工艺，酿制出集蒸馏酒、酿造酒与中药药汁配制为一体的传统五加皮酒。采用独到的"二次发酵"传统技艺酿制五加皮酒的"娘酒"。以当地优质糯米为原料采用传统淋饭技艺经过7~15天的第一次发酵，再掺入适量的五加皮及中药浸提液进行第二次发酵，发酵三个月以上酿制而成；采用独特的"四度浸提"传统技艺提取五加皮为主的中药汁。以五加皮为主的中药材经过常温浸提、循环浸提、加热浸提、蒸汽浸提四道工序浸提而成。

［壹］制曲技艺

严东关五加皮酒在漫长的历史过程中逐步形成五大酿造技艺，其中最具特色的是本草制曲技艺。

在原始时期，因生活条件艰难，谷物难以保存，经常会受潮，出现发霉或发芽的现象。后来人们发现把这些发霉或发芽的谷物加以改良，就制成了适于酿酒的酒曲。发酵的谷物称为"曲"，发芽的谷物称为"蘗"。

各地做曲所采用的原料及制作方法不同，且自然条件也有异，导致酒曲的品种也丰富多彩。

一、小曲

小曲的品种较多，各地生产方法不一致。很多地方在配料中添加中草药，称小曲为药曲、酒药等。又使用制曲原料的不同，称小曲为米曲、糠曲等。

（一）小曲制作流程

1.工艺流程

原料（籼米、辣蓼草）→粉碎→加水、中药混匀→制坯→饼团→制饼架上压平→切片→裹母曲→入曲房培曲→出曲→晒干→磨粉贮存

小曲酒工艺流程（李茂祥摄）

2.原料

籼米、辣蓼草、中草药、水。

培曲辅料：稻壳、稻草。

工具：簸箕、箩盖、制饼架、拌曲盆、刀、竹匾。

3.生产工艺

（1）原料粉碎

用粉碎机将籼米、辣蓼草粉碎为米粉、辣蓼草粉。

（2）制坯

每批按配比原料（米粉、水、辣蓼草、中草药）混合均匀，制成饼团，然后在制饼架上压平，用刀切成长宽2~3厘米大小的粒状，以箩盖筛圆成酒药坯。

制坯（浙江致中和实业有限公司提供）

（3）拌母曲

先撒一小部分酒母于簸箕中，用振动筛将切好的饼团筛圆成型后再裹一层酒母。酒母拌完毕即为圆形的酒药坯。拌曲量约为酒坯

拌母曲（浙江致中和实业有限公司提供）

总量的2%~4%。

母曲是指上次制酒曲时保留下来一小部分优良酒药,酒药坯的2%用量为裹粉。

（4）培曲

前期：曲房采用晒干后的稻壳和稻草铺底,将拌曲过的酒坯均匀的放置上面（不能粘连一起）,放置完毕后再用稻草盖好进行培曲。室温保持在28℃~31℃,培养20~24小时。霉菌菌丝生长旺盛,品温控制在33℃~34℃,最高不超过37℃,观察到有菌丝（或菌丝倒下）,酒药坯表面起白泡（白屑）时,可将酒坯上盖的新鲜干稻草掀开,将培菌酒坯移出曲房（长竹匾培养）。

中期：24小时后,将培菌酒坯放在长竹匾上,在离地通风曲房内继续培菌,为了促使曲坯中的酵母繁殖,室温应控制在28℃~30℃,品温在35℃以下。

后期：入房共48小时后,品温下降,曲子成熟。

（5）出曲

酒曲子成熟后即可出房,并于日光（太阳）晾晒,不能暴晒,晒干后放置通风处贮藏备用或粉碎磨粉后贮藏备用。药酒曲由入房培养至成

出曲（浙江致中和实业有限公司提供）

品烘干共需5~8天时间。

注意保管: 贮藏室应通风、干燥, 每月上下翻动一到两次, 防止酒曲结块、受潮霉变。

(二)成品酒曲质量指标

成品曲检测项目主要有: 水分、发酵力、糖化力、液化力和微生物成分。主要原理简单描述如下:

水分: 样品含水量的测定。

发酵力: 大曲、小曲是糖化、发酵剂。其中的酵母能使酒醅中还原糖发酵, 生成酒精和二氧化碳, 反应式为:

$$C_6H_{12}O_6 \xrightarrow{\text{发酵}} 2C_2H_5OH + 2CO_2 \uparrow$$ 所以可使用在一定条件下制备的糖化液为培养基, 测定发酵过程中生成的二氧化碳量, 以衡量曲的发酵力。本实验数据按照100g曲药所释放的二氧化碳质量分数计。

糖化力: 固体曲中糖化酶(包括α-淀粉酶和β-淀粉酶)能将淀粉水解为葡萄糖, 进而被微生物发酵, 生成酒精。糖化酶活力高, 淀粉利用率就高。糖化力的定义是1.0g干曲在40℃、pH4.6条件下, 1h分解可溶性淀粉生成1mg葡萄糖, 为1个酶活力单位, 以u/g表示。

液化力: 液化型淀粉酶俗称α-淀粉酶, 又称α-1, 4糊精酶, 能将淀粉α-1, 4葡萄糖苷键随机切断成分子链长短不一的糊精、少量麦芽糖和葡萄糖而迅速液化，并失去与碘生成蓝紫色的作用，呈红棕色。蓝紫色消失的快慢是衡量液化酶活力大小的依据。液化酶活力的定义为1g固体曲在60℃、pH6条件下，1h液化1g可溶性淀粉，称为1个酶活力单位，以u/g表示。

二、红曲

红曲是酒曲的一种，以大米为原料，经接曲母而成，含有红曲霉和酵母菌等微生物，具有很强的糖化能力和酒精发酵力，因其因呈红色，并生成红色色素，所以称之为红曲。在明代《天工开物》中称之为"丹曲"。

红曲除用于食品色素及重要制品外，主要用于酿酒，即红曲酒的酿制。红曲酒因其颜色鲜艳，风味独特，一直深受喜爱。但红曲虽具备一定的糖化和发酵能力、却难以单独产出高浓度酒。自古以来，制备红曲酒时就另加曲来弥补其不足，这是酿造红曲酒的最大特点。

现将流传下来的红曲工艺介绍如下。

农历七月左右始酿造，选用精白籼米，先在缸中用清水浸泡一昼夜左右（视天气，可适当调整），用水反复冲洗后上笼蒸熟，要求饭粒松软，熟而不糊，内无白心。等到饭粒凉后接种，闷压发酵4天左右，在室外晒干。以表面红光、内呈白色者为佳。

红曲所生长的微生物属于红曲霉菌，其种类很多。其生长特点是耐酸。在接种时及培养过程中,加入醋酸或明矾水调节酸度。红曲培养的好坏与否,还与温度有关,故在培养过程中,堆积或摊开,就是一种调节温度的

大曲（浙江致中和实业有限公司提供）

方法（这和做其他曲时的方法相同）。培养过程中,湿度和水分含量更为关键。湿度不能太高,也不能太低,调节的方式、方法,可喷水,或短时间的浸曲。

红曲的培养过程是一个色变的过程。开始时是雪白的米饭,数天后,饭粒上就出现红色的斑点,随着时间的延续,米饭上红斑点逐渐扩大。一般在7天左右,全部变红,如果继续培养,就会变成紫红色。

三、药曲

古人还在酒曲中加入天然植物或中草药。一种是煮汁法,用药汁拌制曲原料;另一种是粉末法,将诸味药物研成粉末,加入制曲原料中。

《北山酒经》:"曲用香药,大抵辛香发散而已。"古人在酒曲

中使用中草药，最初目的是增进酒的香气。但客观上，一些中草药成分对酒曲中的微生物的繁殖还有微妙的作用。《事林广记》说："其曲亦曲药，今则绝无，唯用麸而蓼汁拌色……清香远达，色复金黄，饮之至醉，不头痛，不口干，不作泻。"

但酒曲中加入中草药需要慎重，特别要控制用量，不然适得其反。一是药味太浓，容易串味；药味太淡，没有效果；二是药有所医有所不医，有些药可能对这个人有效，对另一个人则无效，甚至会出现不适。

大多数传统的酒的风味来自粮食本身的香味，很少加入中草药。"制曲用水不用蓼，不用药，酿法极精。色清味醇，香且美焉。"

[贰] 酿造技艺

严东关五加皮酒的酿造过程总体上可分为前期酿造和后熟发酵两个阶段，每个阶段都包括复杂的工序，有着相应的技艺规范和风味要求。

在准备好原料、水、酒曲之后，就可以开始酿酒了。

酿造时间虽没有明确规定，但在旧时，一般以冬天的水作为酿造水为最好，因而时间一般选择在冬天（冬至前后为佳）酿造。

在旧时没有空调设备的情况下，对于温度和湿度要求较高的酿造业而言，其他季节，确实比不上冬天，冬天的温度和湿度相对稳定。

一、小曲酒酿造

小曲酒是以碎米、高粱、小麦、玉米、稻谷、薯类等为原料，以根霉曲为糖化发酵剂生产的一种白酒，该法具有出酒率高，用曲量小，发酵周期短，投资小等特点，深受消费者喜爱。

（一）工艺流程：

原料→清洗→泡粮→蒸（煮）粮→摊凉→装缸（盆）→培菌糖化→发酵→出缸（盆）→蒸馏。

（二）生产工艺

1.原料：大米的淀粉含量为71.4%～72.3%，水分含量为13%～13.5%。碎米的淀粉含量71.3%～71.6%，水分含量13%～13.5%。

2.生产用水：水质情况为pH7.4，钙42.084ppm，镁1.0ppm，铁0.1ppm，氯0.0028ppm，无砷、锌、铜、铝、铅等，总硬度6.605°，钙硬度5.894°，镁硬度0.230°，氢化物3.788ppm，硫酸盐3.0019ppm，磷酸盐无，高铁（Fe^{3+}）0.05ppm，硝酸盐0.004ppm，亚硝酸盐0.005ppm，固形物66.0ppm，总碱度1.52°。

3.蒸粮：将浇洗过的大米原料倒入蒸饭甑内，扒平盖盖，加热蒸煮，待甑内蒸汽大上，蒸15～20分钟，搅松扒平，再盖盖蒸煮。上大汽后蒸约20分钟，饭粒变色，则开盖搅松，泼第一次水。继续盖好蒸至饭粒熟后，再泼第二次水，搅松均匀，再蒸至饭粒熟透为止。蒸熟后饭粒饱满，含水量为62%～63%。

4.下缸：拌料后及时倒入饭缸内，每缸15~20公斤（原料计），饭的厚度为10~13厘米，中央挖一空洞，以利有足够的空气进行培菌和糖化。通常待品温下降至32℃~34℃时，将缸口的簸箕逐渐盖密，使其进行培菌糖化，糖化进行时，温度逐渐上升，18~22小时，品温达到37℃~38℃为适宜，应根据气温，做好保温和降温工作。

5.拌曲：每百斤原料用0.3~0.5斤酒曲，热天少用、冷天多用，具体掌握标准是：酒饭糖化时间18~22小时淋水为合适。落曲温度：热天30℃~33℃，冷天气温低落曲温度可稍高，一般36℃~38℃，落曲后马上拌匀、装缸（盆）入温室培菌糖化，热天宜薄、冷天宜厚，将饭装成凹形，用竹盖盖口，以利透气散温，冷天加强保温，宜多垫多盖。

6.培菌糖化：培菌糖化是酒曲菌种生长繁殖和酒饭糖化过程，在糖化过程中，温度是关键，酒曲菌种生长繁殖最适宜温度为28℃~30℃，最适宜糖化发酵温度为34℃~38℃，根据这样的温度要求，热天宜在通风凉爽的地方，冷天则要在温室内进行，室温要求22℃~25℃，饭缸（盆）底层和四周用新鲜稻草、麻袋、棉胎等多垫厚盖，缸口少盖薄盖；培菌糖化时间一般18~22小时，冷天24~28小时。热天糖化速度快、升温猛，可适当提前结束糖化。冷天糖化慢，可延迟糖化时间，超过24小时。

若糖化没有完全，应检查落曲、装缸（盆）温度是否过低，保温

工作是否做好，并可适当增加酒曲使用量。

7.探汽上甑：上甑主要是保证酒醅里的酒精及香味物质均匀的

自下而上蒸发出来，进行香味物质的溶解和拖带，如酒醅压得紧，不利于蒸馏，容易造成蒸馏不干净，造成产量、质量的下降。探汽上甑，轻撒匀铺的操作，保证产量、质量达到最佳。

上甑（李茂祥摄）

8.蒸馏：传统蒸馏设备多采用土灶蒸馏，还有采用卧式或立式蒸馏釜设备。蒸馏时火力要两头猛中间匀，如明火蒸馏，每百斤原料加水10~20斤，蒸汽蒸馏可不加水，并采取掐头去尾，酒初流出时，杂质较多的酒头，一般酒头除3~5斤留做复蒸，蒸酒时火力要均匀，以免发生焦锅或气压

蒸馏（李茂祥摄）

过大而出现跑糟现象。冷却器上面水温不得超过55℃，以免酒温过高酒精挥发损失。酒头颜色如有黄色现象和焦气、杂味等，应接至合格为止。酒尾另接取转入下一釜蒸馏，蒸出来的酒要加盖密封，以免挥发损失。

（三）白酒中的怪杂味及形成原因

白酒除有浓郁的酒香外，还有苦、辣、酸、甜、涩、咸、臭等杂味存在，它们对白酒的风味都有直接的影响。白酒的感官质量应是醇和爽净的口味；任何杂味的超值都对白酒质量有害无益。在白酒中，有以下13类呈味物质对白酒的产品质量有较大的影响，现逐一剖析。

1.苦味：酒中的苦味，常常是过量的高级醇、琥珀酸，少量的单宁，较多的糠醛和酚类化合物而引起的。酒中苦味的主要代表物有：奎宁（0. 005%），无机金属离子（如Mg、Ca、NH3等盐类），酪醇，色醇，正丙醇，正丁醇，异丁醇（最苦），异戊醇，2-3-丁二醇，β—苯乙醇，糠醛，2—乙基缩醛，丙丁烯醛及某些酯类物质。

苦味产生的主要原因有：

原辅材料发霉变质；单宁、龙葵碱、脂肪酸和含油质较高的原料产生而来的。因此，要求清蒸原辅材料。

用曲量太大；酵母数量大；配糟蛋白质含量高，在发酵中酪氨酸经酵母菌生化反应产生干酪醇，它不仅苦，而且味长。

生产操作管理不善，配糟被杂菌污染，使酒中苦味成分增加。如果在发酵槽中存在大量青霉菌；发酵期间封桶泥不适当，致使桶内透入大量空气、漏进污水；发酵桶内酒糟缺水升温猛，使细菌大量繁殖，这些都将使酒产生苦味和异味。

蒸馏中，大火大汽，把某些邪杂味馏入酒中引起酒有苦味。这是因为大多数苦味物质都是高沸点物质，由于大火大汽，温高压力大，都会将一般压力蒸不出来的苦味物质流入酒中，同时也会引起杂醇油含量增加。

加浆勾调用水含碱土金属盐类、硫酸盐类的含量较重，未经处理或者处理不当，也直接给酒带来苦味。

2.辣味：辣味，并不是属于味觉，它是刺激鼻腔和口腔黏膜的一种痛觉。而酒中的辣味是由于灼痛刺激痛觉神经纤维所致。适当的辣味有使食味紧张、增进食欲的效果。但酒中的辣味太大不好，酒中存在微量的辣味也是不可缺少的。白酒中的辣味物质主要代表是醛类，如糠醛、乙醛、乙缩醛、丙烯醛、丁烯醛、叔丁醇、叔戊醇、丙酮、甲酸乙酯、乙酸乙酯等物质。

辣味产生原因主要有：

辅料（如谷壳）用量太大，并且未经清蒸就用于生产，使酿造中将其中的多缩戊糖受热后生成大量的糠醛，使酒产生糠皮味、燥辣味。

发酵温度太高；操作条件清洁卫生不好，引起糖化不良、配糟感染杂菌，特别是乳酸菌的作用产生甘油醛和丙烯醛而引起的异常发酵，使白酒辣味增加。

发酵速度不平衡，前火猛，吹口来得快而猛，酵母过早衰老而死亡引起发酵不正常，造成酵母酒精发酵不彻底，便产生了较多的乙醛，也使酒的辣味增加。

蒸馏时，火（汽）太小温度太低，低沸点物质挥发后，辣味增大。未经老熟和勾调的酒辣味大。

3.酸味：白酒中必须也必然具有一定的酸味成分，并且与其他香味物质共同组成白酒的芳香。但含量要适宜，如果超量，不仅使酒味粗糙，而且影响酒的"回甜"感，后味短。酒中酸味物质主要代表物有：乙酸、乳酸、琥珀酸、苹果酸、柠檬酸、己酸和果酸等。

造成白酒中酸味过量的原因主要有：

酿造过程中，卫生条件差，产酸杂菌大量入侵使培菌糖化发酵生成大量酸物质。

配糟中蛋白质过剩，配糟比例太小，淀粉碎裂率低原料糊化不好；熟粮水分重；出箱温度高；箱老或太嫩；发酵升温太高（38℃以上）后期生酸多；发酵期太长，都将引起酒中酸味过量。

酒曲质量太差，用曲量太大，酵母菌数量大，都使糖化发酵不正常，造成酒中酸味突出。蒸馏时，不按操作规程摘酒，尾水过多的流入，使高沸点的含酸物质对酒质造成影响。

4.甜味：白酒中的甜味，主要来源于醇类。特别是多元醇，多元醇都有甜味基团和助甜基团，比一个醇基的醇要甜得多。酒中甜味的主要代表物有：葡萄糖、果糖、半乳糖、蔗糖、麦芽糖、乳糖、己六醇、丙三醇、2，3-丁二醇、丁四醇、戊五醇、双乙酰、氨基酸等。这些物质中，主要是醇基在一个羟基的情况下，仅有三个分子己醇溶液就能产生甜味，说明羟基多的物质，甜味就增加。白酒中存在适量的甜味是可以的，若太大就体现不了白酒应有的风格；太少则酒无回甜感尾淡。

造成酒中有甜味的原因有以下几个方面：

生产中用曲量太少，酵母菌数少，不能有效地将糖质转化为乙醇，发酵终结糖质过剩而馏入酒中。培菌出箱太老，促进糖化的因素增多，发酵速度不平衡，剩余糖质也馏入酒中。

5.涩味：涩味，是通过刺激味觉神经而产生的，它可凝固神经蛋白质，使舌头的黏膜蛋白质凝固，产生收敛作用，使味觉感觉到了涩味，口腔、舌面、上腭有不滑润感。白酒中呈涩味的物质，主要是过量的乳酸和单宁、木质素及其分解出的酸类化合物。例如：重金属离子（铁、铜）、甲酸、丙酸及乳酸等物质味涩；甲酸乙酯、乙酸乙酯、乳酸乙酯等物质若超量，味呈苦涩；还有正丁醇、异戊醇、乙醛、糠醛、乙缩醛等物质过量也呈涩味。

酒中涩味来源主要有以下几个原因：

单宁、木质素含量较高的原料、设备设施，未经处理（泡淘）和不清蒸、不清洁，直接进入酒中或经生化反应生成馏入酒中。

用曲量太大，酵母菌数多，卫生条件不好杂菌感染严重，配糟比例太大。

发酵期太长又管理不善，发酵在有氧（充足的）条件下进行，杂菌分解能力加强。

蒸馏中，大火大汽流酒，并且酒温高。

成品酒与钙类物质（如石灰）接触，而且时间长，用血料涂刷的容器贮酒，使酒在贮存期间把涩味物质溶蚀于酒中。

6.咸味：白酒中如有呈味的盐类（NaCl），能促进味觉的灵敏，使人觉得酒味浓厚，并产生谷氨酸的酯味感觉。若过量，就会使酒变得粗糙而呈咸味。酒中存在的咸味物质有卤族元素离子、有机碱金属盐类、食盐及硫酸、硝酸呈咸味物质，这些物质稍在酒中超量，就会使酒出现咸味，危害酒的风味。

咸味在酒中超量的主要原因有：

由于处理酿造用水草率地添加了 Na^+ 等碱金属离子物质，最终使酒呈咸味。

由于酿造用水硬度太大，携带 Na^+ 等金属阳离子及其盐类物质，未经处理用于酿造。有些酒厂由于地理条件的限制，酿造用水取自农田内，逢秋收后稻田水未经处理（梯形滤池）就用于酿造，也能造成酒中咸味重。原因在于稻谷收割后，露在稻田面的稻秆及其根部随翻耕而腐烂，稻秆（草）本身有很重的咸味物质。

7.臭味：白酒中带有臭味，当然是不受欢迎的，但是白酒中都含有臭味成分，只是被刺激的香味物质所掩盖而不突出罢了。一是质量次的白酒及新酒有明显的臭味。二是当某种香味物质过浓和过分突出时，有时也会呈现臭味。臭味是嗅觉反应，某种香气超常就视为臭（气）味；一旦有臭味就很难排除，需有其他物质掩盖。白酒中的臭（气）味有：硫化氢味（犹如臭鸡蛋、臭豆腐味）、硫醇（乙硫醇，似吃生萝卜后打嗝返回的臭辣味及韭菜、卷心菜味）等物质。白酒中能产生臭味的有硫化氢、硫醇、杂醇油、丁酸、戊酸、己酸、乙硫醚、游离氨、丙烯醛和果胶质等物质。

各种物质在酒中，一旦超量，又无法掩盖就会发出某种物质的臭味，这些物质产生和超量主要有以下原因：

酿酒原料蛋白质含量高，经发酵后仍还过剩，提供了产生杂醇油及含硫化合物的物质基础，这些物质馏入酒中就会使酒产生臭辣味，严重者难以排除。

配合不当，发酵中酸度上升，造成发酵槽酸度大、乙醛含量高，蒸馏中生成大量硫化氢，使酒的臭味增加。

酿造过程中，卫生条件差，杂菌易污染，使酒糟酸度增大。若酒糟受到杂菌的污染，就会使酒糟发黏发臭，这是酒中杂臭味形成的重要原因。

大火大汽蒸馏，使一些高沸点物质流入酒中，如番薯酮等。含硫氨基酸在有机酸的影响下，产生大量硫化氢。

8.油味：白酒应有的风味与油味是互不相容的。酒中哪怕有微量油味，都将对酒质有严重损害，酒味将呈现出哈喇味，这种情况都是因为酒中含有各种油脂的油离子物质。

白酒中存在油味的主要原因在于：

采用了含油脂肪高的原辅材料进行白酒酿造，没有按操作规程处理原料。原料保管不善，特别是玉米、米糠这些含油脂原料，在温度、湿度高的条件下变质，经糖化发酵，脂肪被分解产生了油腥味。没有贯彻掐头去尾、断花摘酒的原则，使存在于尾水中的水溶性高级脂肪流入酒中。用涂油（如桐油）、涂蜡容器贮酒，长时间后壁内油质侵蚀于酒中。操作中不慎将含油物质（如煤油、汽油、柴油等）撒漏在原料、配糟、发酵糟中，蒸馏入酒中，这类物质极难排除，并且影响酒质。

9.糠味：白酒中的糠味（常常夹带土味和霉味），主要是不重视辅料的选择和处理的结果，使酒中呈现生谷壳味，主要是因为辅料没精选，不合乎生产要求，辅料没有经过清蒸消毒。

10.霉味：酒中的霉味，大多是原料及辅料霉变造成的。梅雨季节，由于潮湿，霉菌在生长繁殖后，其霉菌菌丝、孢子经腾抖而飞扬所散发出的气味，如青霉菌、毛霉菌。酒中产生霉味，有以下几个原因：

原辅材料保管不善，或漏雨或反潮而发生霉变；加上操作不严，灭菌不彻底，把有害霉菌带入制曲生产和发酵糟内，经蒸馏霉味直接进入酒中。像原辅材料发霉发臭、淋雨反潮或者因此引发的火灾更应注意。

发酵管理不严。出现发酵封桶泥、窖泥缺水干裂漏气漏水入发酵桶内，发酵糟烧色及发酵盖糟、桶壁四周发酵糟发霉（有害霉菌大量繁殖），造成酒中不仅苦涩味加重，而且霉味加大。

发酵温度太高，大量耐高温细菌同时繁殖，造成不仅出酒率下降，而且酒带霉味。

11.腥味：白酒中的腥味往往是铁物质造成的，常称之为金属味。是舌部和口腔共同产生的一种带涩味感的生理反应。酒中的腥味来源于锡、铁等金属离子，产生原因主要有：

盛酒容器用血料涂篓或封口，贮存时间长，使血腥味溶蚀到酒中；用未经处理的水加浆勾调白酒，直接把外界腥臭味带入酒中。

12.煳味：白酒中的焦煳味，其味就是物质烧焦的煳味，是生产操作不细心的结果。酒中存在焦煳味的主要原因有：

酿造中，直接烧干底锅水，烧灼焦煳味直接串入酒糟，再随蒸汽进入酒中;地甑、甑篦、底锅没有洗净,经高温将残留废物烧烤、蒸焦产生的煳味。

13.其他杂味:使用劣质橡胶管输送白酒时,酒将会带有橡胶味;黄水滴窖不尽,使发酵糟中含有大量黄水,使酒中呈现黄水味;蒸馏时,上甑不均和摘酒不当,酒中带稍子味。

二、蜜酒酿造

蜜酒的酿造,应以当年产的糯米为主原料,一般在立冬后开始酿造,其过程包括近二十道程序,其中主要有:

(一)浸米。把米倒在缸中,用清水(泉水)浸泡,水面应该高于米面10~15厘米。要掌握浸泡的时间,天热的季节,不超过一昼夜;天冷时节,不超过两昼夜。

酿酒时间并无特别的规定,但一般都以冬季为佳。从气候情况看,每年2到8月是春夏季节,温度、湿度、雨水、风向等天气状况变化较大,尤其在旧时科技水平不高的情况下,就酿酒而言,它对温度、湿度的要求比较敏感,这就决定了在冬天酿造较为妥当的主要因素了。在冬天酿酒,可使酒在低温环境下慢慢发酵,慢慢酿化,使淀粉糖化、酒精发酵进行得更加充分。从而使酿制出来的酒更加香醇。

(二)淋米。把浸泡了一段时间的米,捞出来倒在竹箩中沥水,再用清水反复淋洗,一直洗到浆水清澈为止,目的是洗掉黏附在米粒上的黏性浆液。

（三）蒸米。先在锅里放水，然后用木柴烧着锅灶，等水开了，再把木制饭甑放在锅上蒸煮。先放底层米，等米蒸到发烫、有黏性，再放入第二层米。以此类推，

捞米（李茂祥摄）

直至饭甑的三分之二左右。蒸米时饭甑不用上盖，以便蒸汽能由下而上流动。蒸饭要求"蒸熟、均匀"，即"饭粒疏松不糊，成熟均匀一致，内无白心生粒"。

（四）淋饭。将蒸好的米饭进行淋水，待品温下降，冷却水未流干前，加入适量热水返流，达到上下温度均匀。淋饭后的温度，夏季25℃左右，冬季28℃左右为宜。

（五）下缸。下缸前，要将酵缸及所有器具清洗一次并用沸水灭菌。再把米饭放入酒缸中、加入浸泡的酒曲。一般每百斤白米用白曲10~14斤，若兼用红曲则按一定比例与白曲混合。

（六）拌曲。用手反复搅拌使米饭和曲水均匀分布，呈糊状，使缸内的原料和酒曲接触均均，其中温度根据气温来灵活掌握，一般在27℃~29℃，关键是看酿酒

拌曲（汤峰嵘摄）

师的经验。

（七）破皮。这是酿酒过程中的重要环节，主要作用是调节温度和适当供氧。在一定温度下，原料和酒曲接触之后，开始糖化和发酵，入缸后一昼夜，微生物就开始大量繁殖，随着温度逐步上升，可听到缸内发出微弱的"嘶嘶"发酵声，并产生大量的二氧化碳气体，酒液上形成厚厚的米饭层，破皮（即用竹筷挑破米饭表层凝结而成的薄皮）既让其方便出气，也能让其发酵更为完全。

破皮的时间和次数由酿酒师把关，这是较难掌握的一门关键技术。不同酿酒师会根据自己的经验，依照气温、米质、酒曲质量、成品所需的甜度和酒精度的要求不同，采取和调整操作方法。

拌曲（汤峥嵘摄）

搭窝（汤峥嵘摄）

破皮（汤峥嵘摄）

（八）发酵。破皮后，视发酵情况，每隔数天就得搅拌一两次，使其发酵更为均匀、透彻。直到清浆上浮、米饭下沉为止。成熟的酒醅应该是酒色澄清晶莹透亮，色泽黄亮，若是色泽清淡而混浊，甚至糊状。那就说明酒还没有成熟或者酒糟已经变味甚至变质了。如果色泽发暗，那可能是熟过头了，这是压榨不及时导

入药二次发酵（浙江致中和实业有限公司提供）

致的。成熟的酒醅酒味浓郁，口感清爽，应有正常香气而无异质之杂味。

（九）榨酒。也称过滤，简单地说，就是把发酵的酵醪液中的酒和酒糟分离开来。古人最初酿酒可能是不压榨的，饮酒时连酒带糟一起喝，故而有"浊酒一

压榨（浙江致中和实业有限公司提供）

杯家万里"之说。后来发明了竹篾，把新酿的酒醅稍加过滤而直接饮用，其酒比较混浊，因为里面有大量的细小颗粒和碎屑，就是古书中记的"浮白""浮蚁""绿蚁"。故而，唐代诗人白居易在《问刘十九》中写道：

> 绿蚁新醅酒，红泥小火炉。
> 晚来天欲雪，能饮一杯无？

因原酒液中含有大量的糊精和蛋白质，不利于贮存。为提高成品酒的稳定性，就必须将两者分离开来。我们先将所酿酒连同酒糟一起放入生丝织成的酒袋中。酒袋需要用不易粘糟粕，易与滤布分离，牢固耐用，吸水性差，过滤面积尽量大，过滤层薄而均匀的滤布来制作。

然后用木榨反复挤压酒袋，加压不能过急，开始过滤时，要利用酒液自身的重量进行过滤，逐步形成滤层，待酒液流速减慢时，逐步加大压力，最后升到最大压力，维持数小时或数十小时。

（十）沉淀。把压出的酒液放入大酒缸内进行沉淀。主要是去除酒液中微小的固体物、菌体等杂质。同时挥发掉酒液中低沸点的成分，如乙醛、硫化氢等，改善酒味。

澄清时温度要低，澄清时间也不宜过长。经过澄清的酒液可能还有部分极为细小、相对密度较轻的悬浮颗粒，仍然影响清澈度，必须再进行一次过滤，使其更加透亮。

（十一）蒸酒。蒸酒的主要目的是杀灭其中所有的微生物，破坏酶的活性，使酒的成分能达到基本的稳定，防止贮藏期间腐败变质。蒸酒的过程就是将陶坛装的酒连坛放入酒陶（其结构与小型砖窑差不多）中蒸煮，直到坛中酒烧开为止。

通过蒸酒，可以使可溶性蛋白质沉淀下来，酒的色泽更加透亮。但高温加热会导致酒液较大程度的变异，也加速有害的氨基甲酸乙酯的形成，同时酒精成分挥发损失过大，焦糖含量上升，酒色加深，所以蒸酒的温度不宜过高，需要用低温慢慢加热，如此，才可以起到控制发酵和灭菌消毒的结果，酒液的色和香味也不至于受到太大影响，这种低温消毒，就是现代酒业常用的巴氏灭菌法。至于蒸酒的时间则完全凭酿造师个人的经验掌握。

在这过程中，蒸发出来的酒精经过收集、冷凝成液体，俗称"酒汗"，也称"原浆"，香气浓郁，可以用于酒的勾兑，亦可单独出售。

（十二）灌坛。灌装之前，先要做好清洗、灭菌灌坛和挑选工作，检查是否有渗漏。再将沉淀后的酒灌入酒坛，少者三十斤一坛，多者四五十斤一坛。致中和酒一直采用陶坛包装，陶坛本身具有良好的透气性，外面的氧气能渗透进坛内，保温效果好。陶坛本身含有多种微量元素能,促进酒分子结合、氧化、酯化反应,还能净化杂质,保持酒品的醇化和香味,对后期发酵较为有利。

坛口用箬叶包,以便在酒液上方形成酒气饱和层,使得酒气冷凝液回到酒中,形成缺氧而近似真空的保护层。

(十三)封泥。蒸酒后,待酒凉透,先在酒坛上用箬叶封口,再加上黄泥浆,有的也采用荷叶等含香植物叶子密封。

封泥采用黄泥,加入一定数量的麦芒或谷,用脚踏烂。黄泥的作用是便于运输和堆积贮放,也可以有效隔绝微生物进入酒坛,让酒液可以进行呼吸,从而使酒质得以进一步陈化。

蜜酒工艺流程图

酒药

↓

糯米→加水浸泡→蒸煮→拌曲→搭窝→前发酵

→加白酒→入坛后发酵→压榨→蒸酒→装坛→封泥

[叁]浸提技艺

严东关五加皮酒独特的中药材"四度浸提"工艺延续至今,按中药材的独有属性,分别对其功效成分进行量化提取,最大限度保留了药材的有效成分,再按酒体指标成分进行浸提液配伍,确保了每一瓶酒的药材功效和品质稳定。"四度浸提"指常温浸提、循环浸提、加热浸提、蒸汽浸提。

常温浸提：主要对呈色药材浸提，保留药材颜色及药性，适宜单味药材。

循环浸提：主要对药材成分浸提，提高药材成分及功效，适宜综合药材。

加热浸提：主要对特殊药材浸提，提高药材成分含量，适宜单味药材。

蒸汽浸提：主要对药材浸提后香源物质进行收集，提升药材附加值，适宜综合药材。

一、浸提

香源物质（中药材）提取是指用适当的溶剂和浸出方法，从动植物或微生物原料中浸出香源物质后形成浸出液的过程。

药材质量的稳定性将决定药材风味的稳定性，对于产品来说药材风味稳定至关重要。药材质量的稳定受到药材基源、产地、采收季节、加工、炮制等多方面影响。只有清晰药材基源、产地、药材生产期、不同档次规格等

蒸汽浸提（汤峥嵘摄）

对药材风味的影响, 才能建立药材风味质量标准, 有效地把握产品风味。

药材风味是由药材所含物质决定的, 通过对药材基础物质的研究, 包括药材风味基础物质的组成、化学特性, 物质间的抑制、增强作用等, 这对建立药材风味新学科具有重大意义。

二、溶剂浸出

浸提香源物质所用的原料绝大多数属于天然动物和植物, 所含的成分十分复杂, 概括起来可分为如下四类: a.有效成分, 指起主要药效的物质, 如生物碱、苷类、挥发油; b.辅助成分, 指本身没有特殊疗效, 但能增强或缓和有效成分作用的物质; c.无效成分, 指本身无效甚至有害的成分, 它们往往影响溶剂浸取的效能、制剂的稳定性、外观以至药效; d.组织物, 是指构成原料细胞或其他不溶性物质, 如纤维素、石细胞、栓皮等。

(一)含香源物质原料(中药材)的预处理

1.原材料品质检查

我国含香源物质的资源丰富, 品种繁多。在选择原料时首先必须正确鉴定品种、确定来源。其次, 要对有效成分或总浸出物进行测定。

2.原材料的干燥

干燥原材料是为了便于储藏和运输, 同时在客观上起到破坏细胞膜和细胞壁的作用,以利于浸出的顺利进行。

3.原材料的粉碎

粉碎是用机械方法把固体物料制成适当程度的碎块或细粉的操作过程,香源物质所用原材料绝大多数是植物、动物的局部。

粉碎原料的目的是为了增加原料的比表面积,加速其中有效成分的浸出。因为多数原料是植物性的或动物性的生药,细胞组织紧密,细胞壁也很厚,溶剂不易渗透和扩散,有效成分在该溶剂中的可溶物质很难被浸出来。另外,原料粉碎后,因粉碎后其表面积的急剧增加,可以提高有效成分的溶解速度。

(二)浸出溶剂

1.浸出溶剂要求

(1)能最大限度地溶解和浸出有效成分,最低限度浸出无效成分或有毒物质。

(2)本身无显著的药理作用。

(3)不与有效成分发生不应有的化学反应。

(4)经济、安全、易得、性质稳定。

2.常用的浸出溶剂

(1)水:水是最常用的极性浸出溶剂,具有经济易得、易透入植物细胞内、无药理作用及溶解范围广的优点。

(2)乙醇:乙醇是一种半极性溶剂,化学性质较稳定,毒性较小，对酯溶性成分及水溶性成分均具有一定的溶解性。

3.浸出原理

浸出过程是指溶剂进入含香源性物质原料细胞组织，溶解或分散有效成分，使之成为浸出液的全部过程。由浸润、渗透、解吸附、溶解、扩散、置换等几个相互联系而又错开进行的步骤组成。

4.影响浸出的因素

（1）浸出溶剂的pH值：浸出溶剂的pH值与浸出效果有密切关系，因为药材内所含成分的性质各不相同，在不同的pH值条件下溶性能不一样，故调节浸出液的pH值，有利于某些有效成分的浸出。

（2）浸出温度：应根据原料性质适当控制温度，温度升高能使原料组织软化，促进膨胀、增加可溶性成分的溶解和扩散速度，加速浸出的进行。同时细胞内蛋白质凝固，酶被破坏，有利于制剂的稳定性。但温度过高，能使原料中的某些不耐热的成分分解、变质或挥发。

（3）浸出时间：有效成分的浸出是溶剂渗透到药材细胞的组织中，使可溶性物质溶解并向细胞外溶剂中扩散的过程。当细胞内溶剂和细胞外溶剂中的溶质浓度达到平衡状态时，即已达到扩散平衡的状态，完成一次浸出过程。这个过程所需要的时间，就是浸出所需要的时间。

（4）浸出体系的压力：对于组织坚实的药材，浸出溶剂较难浸润，提高浸出压力，有利于增加浸润过程的速度，使原料组织内更快地充满溶剂和形成浓溶液，促使溶质扩散过程较早发生。同时加压可使原料组织内某些细胞壁破坏，也有利于扩散。

（5）溶剂用量与提取次数：选定溶剂后，溶剂用量和提取次数对提取效果也有很大影响，对浸取物的质量和收率以及能耗也影响极大。溶剂的用量在保证有效成分的充分浸出前提下，要尽量小，否则因为浸出液体积大，将会增加生产设备容积和厂房

药材常温提取（周密摄）

空间，增加动力消耗，后续分离浓缩的能耗过大，提高生产成本。

（6）原料与溶剂相对运动速率：在流动的介质中进行浸出时原料与溶剂的相对运动速率加快，能使扩散边界层变薄或边界层的更新加快，缩短传质距离，使较早发生溶质的扩散过程，而有利于浸出过程。一般通过溶剂强制循环、渗漉、搅拌、溶剂回流、连续逆流等

都可以使两者相对运动速率加快,达到强化浸取的目的。

(7)浸泡预处理:用来提取香源物质的原材料多数是处于干燥状态,在正式浸取前进行适当的浸泡、吸收溶剂,使组织浸润膨胀,将有利于浸取时溶质的加速溶解和扩散。

5.浸出方法

(1)浸渍法:浸渍法是将原料粗粉置于有盖的容器中,加入适量的溶剂,在常温或加热下通过浸泡一定时间进行提取的方法。

(2)煎煮法:煎煮法是将原料加水加热煮沸,过滤去渣后取煎煮液的一种传统提取方法。

(3)渗漉法:渗漉法是将原料润湿后放入渗漉筒内,由筒上部不断加入新溶剂,在筒的底部不断放出渗漉液,将溶剂一份一份地连续加入形成无限多份,使细胞周围充满浓度较高的提取液,不断被新溶剂或低浓度提取液所代替,保持着细胞内外一定的浓度差。

(4)回流提取法:是使用低沸点有机溶剂如乙醇等加热提取天然植物中有效成分时,为减少溶剂的挥发损失,保持溶剂与原料持久

药材回流提取(汤峰嵘摄)

的接触，通过加热浸出液，使溶剂受热蒸发，经冷凝后变为液体流回浸出器，如此反复至浸出完全的一种热提取方法。

[肆] 勾调技艺

勾调（也称配制）操作在陶缸、搪瓷或不锈钢桶、罐等容器中进行，先加入不同比例的白酒和部分浆水，然后依次加入糖浆、药汁、蜜酒等，最后再用剩余浆水补到规定的容积，充分搅拌均匀，取样检测，按检测数据对照产品标准分析，合格后进入下道工序。

一、各种配料用量的计算

计算配料时应考虑半成品和原料中所含有的浸出物、酒精、糖

勾调、品评（汤峥嵘摄）

和有机酸的总和。如理化指标中的浸出物含量包括：浸提药汁酒精度、含糖量、总酸等所有配料中的浸出物含量。

二、糖浆的制备方法

先按每千克蔗糖加0.35L软化水，用蒸汽夹套将水加热至50℃~60℃，并在不断搅拌下往糖化锅中加入已称量好的糖。为避免糖浆结晶，可在煮糖时加入糖量0.08%的柠檬酸。

三、勾调流程

半成品酒勾调流程：

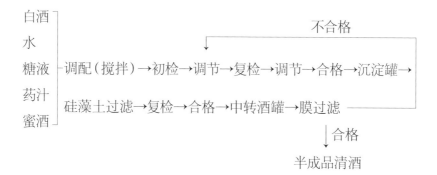

四、半成品（酒体）硅藻土过滤

（一）将过滤器内的存水放干，用清水先后进行反顺冲洗，再放净清洗水，关好进水和排污阀。

（二）将酒液放入加土桶内，按定量加入硅藻土，同时开动搅拌机拌匀。

（三）将含有硅藻土的酒液用食品泵打入硅藻土过滤机，待含有硅藻土酒液打完后，立即打入酒液。

（四）待液位到达加土桶上限，停止进液，进行管道循环。

（五）待管道循环至酒液质量符合要求，停止循环，用食品泵加入酒液，同时开动计量泵打入硅藻土混合液，打开出酒阀，正常过滤。

［伍］储藏技艺

一、储藏后的变化

新勾调的酒，有刺激的酒精味、杂味等，饮用时会给人不愉快的感觉，但经过储藏后，酒体就会变得醇厚、绵软和芳香起来，这是由于经过储藏（陈酿），酒中各种物质发生了极为复杂、微妙的变化的结果。这种变化可以简述为以下两类：

（一）物理变化

酒分子重新排列。在储藏过程中，乙醇分子和水分子之间形成大分子缔合群，因此使乙醇分子受到约束，活性变小，这就使酒精的刺激味除去，在感觉上给人以柔和感。另外即是低沸点成分的挥发，如低沸点的醛类、酯类和硫化氢等在储藏中挥发，从而减少或除掉新酒的异味。

（二）化学变化

酒中的醇和酸发生酯化反应形成酯类，因而使酒精和不挥发酸减少，酯类含量增加，酒中的醇类会发生氧化还原反应，形成醛和酸，这就会使酒精减少，另外，醇醛缩合反应，也可降低异味。

二、储藏（陈酿）方法

（一）储藏（陈酿）法：酒在陶坛或不锈钢桶（罐）储藏期间进行着缓慢的物理和化学变化，降低了杂醇油、单宁等物质的含量，增加了酒精和有机酸的酯化

储藏（汤峥嵘摄）

过程中所产生的酯类物质和其他芳香物质，因而改善了酒的风味。

（二）热处理储藏（陈酿）法：酒在陶坛或不锈钢桶（罐）储藏期间通过提高温度加速酒的一系列化学反应，而这些反应在自然条件下是很慢的。这种化学反应的结果便是酒中的酒精不挥发酸减少及醛类与复合酯类增加，酒在经过热处理后，明显变得柔和，产生了老酒的风味。

体验馆（李茂祥摄）

致中和严东关五加皮酒通过储藏（陈酿），可以改善酒体的柔和度，增加酒的适口性。另外，致中和严东关五加皮酒是富含各种原料成分的酒体，在陈酿过程中，其中一些不稳定的因素可以通过各种物理、化学及微生物的变化，对酒体的稳定性产生影响。

[陆]现代酿造工艺

随着时代的发展，科技的进步，原有手工的生产方式已经无法适应现代社会的需求，因此进行技术革新，实施技术改良，推行机械生产，扩大生产规模，争取规模效益势在必行。下面以本企业高粱小曲酒机械化酿造生产的工艺流程、原料要求和工艺参数为例，简述酿酒生产控制过程。

一、机械设备

在20世纪90年代前，传统手工酿造主要以千斤缸为发酵容器，酒甑既担负粮食蒸煮又是蒸馏设备，其他工艺操作都是以人力完成。后经过技术革新，在保留传统技艺的基础上，机械化、自动化程度大大提升，主要设备有：

1.真空吸料系统：用于原料高粱的输送。

摊凉加曲（汤峥嵘摄）

2.高压蒸锅：用于高粱的蒸煮。

3.摊凉机、加曲机：用于高粱蒸熟后的摊凉和加曲。

4.糖化床：用于高粱的糖化。

5.小槽车：用于酒醅的发酵。

6.三联甑、翻转甑：用于酒醅的蒸馏。

发酵罐（李茂祥摄）

7.翻转架：用于发酵酒醅的倾倒。

8.计量罐：用于高粱小曲酒的计量入库。

二、高粱小曲酒的工艺流程

高粱小曲酒的酿造工序及原理如下：

提取罐（汤峥嵘摄）

（一）泡粮工序

泡粮是使粮粒吸水，增加粮粒含水量，使粮粒中的淀粉渐渐膨胀，为蒸粮做好准备。要求吸水透心、均匀，吸水适量。

（二）蒸煮工序

蒸煮是小曲酒生产的重要工序，是糖化、发酵的前提。淀粉粒的破裂程度、糊化好坏、粮粒疏松程度等都取决于蒸煮工序的操作。

（三）培菌糖化工序

培菌是使处于休眠状态的根霉、酵母在适宜的熟粮上生长繁殖，以提供粮食淀粉转变成糖，然后糖变酒必要的酶量。在培菌糖化过程中，部分淀粉转化成糖，为酵母提供养分，以利于下一步边糖化、边发酵的正常进行。因此，培菌应该是根霉曲中的酵母在一定养分和适宜条件下活化、繁殖。糖化主要是根霉中产生的淀粉酶和糖化酶对粮食淀粉进行分解，转化部分糖，以供酵母生长繁殖。

（四）发酵工序

小曲固态发酵酿酒是边糖化边发酵的。要使粮食多产酒，必须结合天气情况、熟粮水分、配糟的数量及质量，观察吹口、升温、黄水情况。

（五）蒸馏工序

小曲酒生产最后工序是蒸馏，即将发酵好的酒醅中的酒精成分、水和多种微量的香气成分提取出来。

机械化酿造的工艺流程图

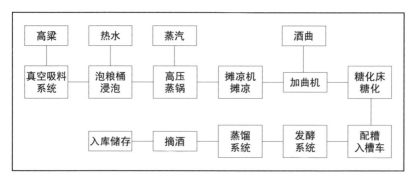

三、工艺标准

（一）原料

酿酒用水符合GB 5749-2006生活饮用水卫生标准。

酿酒用高粱符合Q/CL01-006-2020高粱的质量要求。

（二）浸泡

浸泡用水水温65℃~70℃，盖住高粱10厘米左右，浸泡16~18小时。

（三）蒸粮

排完泡粮水，初蒸40分钟，初蒸压力0.16MPa，初蒸结束后，打入65℃左右的闷粮水，闷粮30~45分钟，高粱80%以上开口，不顶手，排闷粮水，复蒸15分钟，复蒸压力0.06MPa，复蒸结束出锅。

（四）摊凉加曲

高粱通过摊凉机摊凉输送，加曲量为原料量的0.3%~0.8%，以冬多夏少为原则。加曲温度：室温在15℃以下时，加曲温度36℃~40℃；室温在16℃~30℃时，加曲温度30℃~35℃；室温在31℃以上时，加曲温度不高于室温2℃。

（五）收堆糖化

高粱输送到糖化床后，收堆高度30厘米。糖化温度和时间：室温0℃~20℃时，做好升温保温，糖化时间控制在24小时左右；室温20℃~30℃时，做好控温，糖化时间20~24小时；室温30℃以上时，做好控温降温，糖化时间18~20小时。严格监测控制糖化温度，做到缓慢升温。

收堆糖化（周密摄）

（六）配糟入槽车

酒糟经过摊凉机，温度控制在20℃~25℃，

配糟量按1∶2—4（冬少夏多原则）配入；糖化醅经过摊凉机，温度控制在20℃~25℃，根据糖化醅输送的量调节配糟量。

（七）发酵

在装满酒醅的小槽车四周挖槽，用尼龙薄膜密封，沙袋条压紧。发酵期15~20天，冬长夏短。

（八）蒸馏

酒头摘取2%，基酒兑成酒精度55%vol~60%vol，尾酒复蒸。出甑时酒精度＜5%vol。

（九）储存

根据基酒分级评定、储存标准分别入库储存。

四、工艺操作

（一）高粱吸料和浸泡

1.真空吸料：高粱叉运至吸料口，查看真空吸料系统循环水水位,关闭真空吸料罐底部阀门,打开吸高粱真空管路阀门,再打开吸高粱管路阀门,先往吸料池中倒入5包左右高粱,然后开启真空吸料泵,开始吸料,吸料同时将高粱倒入吸料池。吸料完成后,关闭真空吸料泵,关闭管路阀门,打开吸料罐底部阀门将高粱放入高压蒸锅中浸泡。同时重复上述吸料操作,吸料罐中吸入相同量的高粱。

2.泡粮:查看热水罐中水量和水温,水温加热至60℃左右,开启热水泵将热水打入高压蒸锅和吸粮桶内,浸泡16~18小时。

(二)蒸锅蒸粮

采用3.5m³高压蒸锅,每锅蒸粮1.25吨。

1.排泡粮水和冷空气:盖上蒸锅锅盖,将锅盖螺栓对角拧紧,先打开排水阀门,再打开上进汽阀门,开始进汽排水,排水15分钟左右,排水阀底部有蒸汽排出时,排水和排冷空气结束,关闭排水阀和上进汽阀。

2.初蒸:打开下进汽阀,进汽的同时旋转蒸锅,蒸锅压力上升到0.16MPa时关闭进汽阀,停止旋转,控制

上甑蒸馏(周密摄)

下进汽阀大小，维持气压0.16MPa40分钟，20分钟时旋转蒸锅两次，使锅内高粱受热均匀。

3.初蒸泄压和闷粮：保压40分钟后，关闭下进汽阀，打开上排汽阀泄压，同时打开锅盖排汽阀，待压力下降到0.08MPa时，打开下进水阀，打开热水泵，开始进闷粮水，同时关注泄压情况，待压力下降到0.00MPa时，关闭锅盖排汽阀，对角拧开锅盖，关注水位情况，当水位没过粮面10厘米左右，关闭热水泵和进水阀，关闭锅盖，旋转蒸锅两次，使锅体内部均匀。闷粮过程中要检查锅内不同点粮食吸水情况，闷粮水不足时要及时补加。闷粮20分钟左右旋转蒸锅两次，闷粮时间30~45分钟，根据闷粮情况适当调整闷粮时间，粮食

入缸闷粮（浙江致中和实业有限公司提供）

80%以上破皮，不顶手，无翻花现象。

4.排水复蒸：盖上锅盖，将锅盖螺栓对角全部拧紧。先打开排水阀门，再打开上进汽阀门，开始进汽排水，排水约15分钟左右，有蒸汽从排水阀冒出，再继续排水2分钟左右，将闷粮水彻底排尽。关闭排水阀和上进汽阀，打开下进汽阀，开始进汽复蒸，进汽的同时旋转蒸锅，蒸锅压力上升到0.06MPa时关闭进汽阀，停止旋转，控制下进汽阀大小，维持锅内压力0.06MPa保持15分钟。保压结束后，打开上排汽阀开始排汽，同时打开锅盖排汽阀排汽，待压力下降到0.00MPa时，关闭锅盖排汽阀，对角拧开锅盖，检查粮食蒸煮效果，准备出粮。

5.出锅：打开底部两条输送板链，慢慢倒下三分之一高粱，调节板链速度，使高粱快速输送至板链出口，再将板链速度调至正常，匀速倒下蒸锅内高粱，直至倒完，倒完后蒸锅正下方无粮食时，开启蒸锅进水阀门冲洗蒸锅。两锅高粱间隔20分钟蒸煮，确保出粮有时间间隔，避免来不及出粮而造成粮食蒸过头。

6.再蒸煮：将蒸锅对应泡粮桶的底部阀门打开，将泡好的粮食带水一同放入蒸锅，重复以上蒸粮操作，直至完成蒸粮。

（三）摊凉加曲

1.摊凉：粮食输送到出粮板链出口时，开启摊凉机，调节摊凉机风机个数和频率，控制摊凉机出口粮食温度。

2.加曲：将称量好的酒曲加入加曲机，加曲量为原料量的0.3%~0.8%，冬多夏少原则；当粮食进入加曲绞龙达到加曲机下方时，打开加曲机调节频率开始加曲，控制粮食加曲温度：室温在15℃以下时，下曲温度36℃~40℃；室温在16℃~30℃时，下曲温度30℃~35℃；室温在31℃以上时，下曲温度不高于室温2℃。曲粮混合后输送至糖化床内。

(四)收堆糖化

1.收堆：高粱进入糖化床后，控制糖化床抓斗，将高粱刮至糖化床前端，等全部高粱进入糖化床后，开始收堆，控制抓斗机高度，来回行走，将高粱铺平整，收堆高度控制在30厘米。

2.糖化：温度和时间：室温0℃~20℃时，做好升温保温，控制糖化时间24小时左右；室温20℃~30℃时，做好控温，糖化时间20~24小时；室温30℃以上，做好控温降温，糖化时间18~20小时。严格监测控制糖化温度，做到缓慢升温。

3.过程控制：糖化过程中需定期测量粮食各层的温度，并做好记录，升温异常时调整检查的频率并做好应对措施。糖化过程中需进行感官评定，了解糖化情况。

(五)配糟入槽车

1.配糟：根据糖化情况，提前准备配糟，将酒糟摊凉后暂存在囤糟斗内，酒甑囤有备用酒糟，酒糟经过摊凉机，温度控制在

堆积（李茂祥摄）

20℃~25℃。

2.入槽车：糖化结束后，依次开启粮糟混合所需的链板和绞龙，糖化醅通过摊凉板链降温后和酒糟混合，过绞龙混合均匀后落入小槽车内，配糟量按1：2—4（冬少夏多原则）配入；糖化醅经过摊凉机，温度控制在20℃~25℃，根据糖化醅输送的量调节配糟量。入小槽车过程中，时刻关注各设备连接处酒糟和酒醅行走情况，防止在接口处堵死。测量粮糟混合物温度，控制摊凉机风机大小。

（六）发酵

将装满酒醅的小槽车叉运至发酵场地，用铁锹将酒醅四周挖沟槽,表面平整好,然后用尼龙薄膜密封,沙袋条压紧。发酵期15~20天,冬长夏短。发酵过程中,做好温度检测和发酵管理,发现异常及时处理。

(七)蒸馏

1.蒸馏准备:将发酵到期的小槽车叉至黄水架上放黄水,放完黄水后,掀去尼龙薄膜和沙袋条,叉入翻转架,倒出酒醅。将蒸好的谷壳小槽车叉入谷壳翻转架,倒出谷壳。打开甑锅底部的阀门,将锅底水排净,同时打开蒸汽阀门,排蒸汽管路中水半分钟左右,关闭蒸汽阀门和甑底阀。

2.上甑:查看并设置出料参数,调成自动,开始上甑操作。酒醅铺满甑底后,打开蒸汽阀门,三联甑控制气压在0.02MPa,翻转甑控制气压在0.04MPa,见汽上甑,匀速上甑,在酒甑快上满时,加速铺料,直至铺满甑,盖上甑盖,水封内加入水。上甑操作要点:上甑要平,穿汽要匀,见汽上甑,不准跑汽,轻撒匀铺,切忌重倒,甑内穿汽一致,严禁起堆塌汽。

3.接酒:检查甑盖、冷凝器连接处是否有穿汽或冲汽现象,控制接酒气压大小,三联甑不超过0.04MPa,翻转甑不超过0.06MPa,及时调整冷却水的大小,不浪费自来水,同时控制流酒的酒温在20℃~30℃。酒头摘取2%左右,时刻关注接酒槽中酒度,待主体酒度达到55%vol~60%vol时,开始接酒尾,酒尾酒精度<5%vol时,关

闭蒸汽阀，停止接酒。主体酒计量后打入罐体储存，酒尾打入蒸馏釜复蒸。

4.出糟：关闭冷却水，打开甑盖，打开蒸汽，敞蒸5分钟排酸，关闭蒸汽阀，打开甑底阀，排净底锅水。三联甑打开甑门，打开出糟绞刀及输送板链，开始出糟；翻转甑点动旋转按钮，倒入下方囤料斗，开始出糟。出完糟后，将锅体清理干净并清洗，继续上甑。

（八）储存

根据基酒分级评定、储存标准分别入库储存。

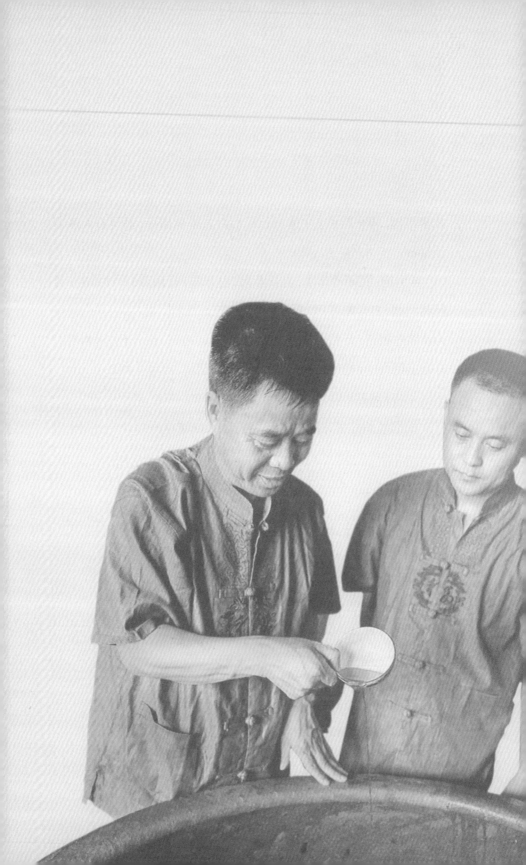

五、保护与传承

严东关五加皮酿酒技艺是国家级非物质文化遗产代表性项目，也是先人留给我们的宝贵财富，进一步加强对它的保护和传承具有特殊历史意义和现实意义。

五、保护与传承

  严东关五加皮酿酒技艺是国家级非物质文化遗产代表性项目，也是先人留给我们的宝贵财富，进一步加强对它的保护和传承具有特殊历史意义和现实意义。

  严东关五加皮酿酒技艺，既是一门传统的技术，却又融生物技术、有机化学、微生物学、无机化学等多门食品科学于一体，尤其是千年传承的制曲技艺、确保正常发酵的特殊工艺，都值得我们好好挖掘。五加皮酒是具有养生、保健效果的"健康酒"，也是具有休闲、旅居、文化、研究功能的"工夫酒"。深入细致研究五加皮酒的酿造技艺和科学原理，具有特殊的学术价值。

[壹] 保护措施

  为了更好保护严东关五加皮酿酒技艺，振兴中华老字号企业，为当地社会、政治和经济做出贡献，建德市委、市政府及有关部门在深入调研和广泛征求意见的基础上，凝聚各方共识，提出保护、抢救方案，出台了《建德市非物质文化遗产保护意见》，给我们今后的工作指明了方向。

传统工艺（蒋惠松摄）

一、加强传统酿造技艺的工艺传承

作为一种具有独特秘方、工艺和风味的传统品牌酒，它既是酒，更是"药"，除了酒的功能外，更具有独特的养生、保健功能。

因严东关五加皮酒是中国五加皮酒的优秀代表，具有传统的秘密性和特殊性，随着时代变化，社会进步、技术的革新和科技的进步，许多传统工艺都将成为人们的一种回忆。为此，加强对五加皮酒传统酿造技艺的抢救、保护、开发、利用等，是我们义不容辞的责任。2019年，建德市文化和广电旅游体育局组织相关专家和项目保护单位整体推进项目的挖掘整理工作，深入研究五加皮酒的起源、历史及与社会、经济发展的关系，启动第五批国家非物质文化遗产代表性项目的申报工作。2021年，严东关五加皮酿酒技艺被列入第五批国家非物质文化遗产代表性项目名录，这也引起了社会各界对五加皮酒酿造这门古老技艺的关注。

严东关五加皮酿酒技艺继承了固态发酵、蒸馏、中药浸渍等传统工艺，选用纯粮白酒、蜜酒、药汁、白砂糖等为原料，历经蒸煮、摊凉、拌曲、入缸固态发酵、土甑蒸馏等多道工序，形成了以"二次发酵""四度浸提"为核心的一整套酿酒工艺，酿制出集蒸馏酒、酿造酒与中药浸提汁配制为一体的传统五加皮酒，其酿造过程可浓缩成五大技艺，分别是：制曲技艺、酿酒技艺、浸提技艺、勾调技艺、储藏技艺。

（一）制曲技艺。在酿酒行业流传着这样一句话：曲是酒之魂，水是酒之血，粮是酒之骨。好的曲药是酿造基酒的灵魂，致中和制作的曲主要是自制小曲，用于酿造小曲酒和蜜酒，以籼米、辣蓼草、道地本草中草药为主要原料，经科学搭配，添加自制的传统母曲粉，通过制坯、培曲、晒干等工序制得特殊芳香的小曲。

（二）酿酒技艺：我们传承古法"先培菌糖化后发酵"的酿酒工艺，采用固态培菌、下缸培菌糖化，使根霉与酵母迅速生长和繁殖并合成酶系，第一次发酵以后，再掺入适量的五加皮及中药浸提液等进行第二次发酵，发酵三个月以上酿制而成五加皮酒的基酒，这个工艺叫作"二次发酵"，是五加皮基酒最核心的工艺。

（三）浸提技艺：五加皮酒精选多味药食同源的本草，以五加皮为君药，协同当归、玉竹、栀子、砂仁、木香、枸杞子、肉桂、丁香等道地本草，依君臣佐使、七情配伍的医理进行严格的配制。采用常温浸提、循环浸提、加热浸提、蒸汽浸提四道工序浸提中药汁，这种提取方式我们称之为"四度浸提"。

（四）勾调技艺：首先在勾兑酒体时按照一定的原则添加，先大宗后调味。大宗主要是基酒、综合药汁、单味药汁。调味主要是蜜酒的搭配，做到糖酸比例协调，使口感、理化达到标准要求。其次是微调，在大样生产前，先小样添加调味酒试验，确定用量后再实施到生产中，需要反复调整不断品评及检测，直至合乎标准才行。

（五）储藏技艺：很多酒企都尝试过其他材质的容器储藏酒体，但最终都证明储酒最好的容器依然是我们老祖宗留下来的陶坛。陶坛特有的密集网状微孔结构使得坛中酒可以自由呼吸，在长时间的存放过程中酒体达到"老熟"的状态。五加皮酒中的小曲酒、蜜酒及成品五加皮酒均在陶坛中储藏。根据酒的年份，分高温存储和恒温存储等方式。

五加皮酒色如榴花、香若蕙兰、金黄挂杯、口味独特，饮之回味无穷，它不仅是一种简单的药酒，并且利用现代生物工程技术，研究其保健功能的药学原理，讲究营养调和，同时又具备色、香、味俱全，酒借药功，药借酒力，是药与酒的和谐完美结合。

二、加强非遗保护的制度建设

为保护和传承严东关五加皮酿酒技艺，根据省文旅厅的"八个一"保护措施，我市成立了非遗保护领导小组和专家组，制定了严东关五加皮酿酒技艺保护计划与措施。建立了更加完备的传承人传承管理制度，积极开展传承人培养、申报、评定工作。

（一）已完成的工作：

1.出台《关于加强非物质文化遗产保护工作的意见》（建政办函〔2010〕105号）文件，修订《建德市文化遗产专项资金管理办法》，落实严东关五加皮酿酒技艺保护措施，发挥"严东关五加皮酿酒技

非遗展示馆（汤峥嵘摄）

艺非遗保护领导小组"的保护职能,做好传承保护工作。

2.每年投入严东关五加皮酿酒技艺非遗保护专项经费200余万元,用于严东关五加皮酿酒技艺的传承保护。

3.提升严东关五加皮酿酒厂区建设,更新生产设备,并修缮老工艺酿酒场地,提高生产能力。

4.加强与高等院校、科研单位的协作,开展严东关五加皮酿酒技艺的研究,研发严东关五加皮酿酒新产品。

5.建立"钱建华严东关五加皮酿酒技艺大师工作室",开办古法酿酒技艺传承班,加强对传统酿酒技艺技术人才的培养。

6.成立严东关五加皮酿酒技艺研究会,举办全国酿酒技艺研讨会。完善充实严东关五加皮酿酒技艺博物馆,做到酿造与文旅融合,展示企业形象品牌、历史渊源。

(二)努力方向:

1.完成新厂搬迁。新工厂占地300亩,其间有面积1000平方米的非遗展示馆,集非遗传承保护、厂区观光旅游、名优产品展销于一

新厂一角(李茂祥摄)

新厂一角（李茂祥摄）

新厂区（汤峰嵘摄）

包装车间（汤峰嵘摄）

检验（汤峰嵘摄）

体，是旅游景区型保健酒生产基地。能够向参观厂区的游客展示非遗技艺，促进消费，带动经济发展。

2.进一步收集整理严东关五加皮酿酒技艺项目、传承人资料，建立严东关五加皮酿酒技艺档案室、工作室、数据库档案，编撰《严东关五加皮酿酒技艺》。

3.举办严东关五加皮酿酒技艺培训班，抓好严东关五加皮酿酒技艺教学基地建设，扩大五加皮酿酒技艺传承队伍，有计划地开展相关技艺知识培训，通过职业技能鉴定方式，让更多的员工加入传承队伍中来。

新厂区全景（李茂祥摄）

4.开展严东关五加皮酿酒技艺活动（进社区、进学校），传统节日进行严东关五加皮酿酒技艺展示系列活动，带动乡村产业振兴发展，达到共同富裕。

5.联结原料、中药材生产基地，联结农户，吸纳农村剩余劳动力，增加农户收入。

三、加强传承人的保护

在非物质文化遗产保护中，传承人的保护是一个十分重要的问题，这是由非物质文化遗产的特性决定的。它区别于其他遗产的一个基本特性，就是它需要依附于个体的人、群体或者特定区域、特定空间而存在，是一种"活态"的文化。

（一）加强技艺传承

鼓励企业正确处理传统与现代工艺的关系，保护传统酒工艺，不使其失传。组织培养一批既具备酿造科学理论知识，又富有实践经验的高素质传承人。对于传统的严东关五加皮酿酒技艺传承人，通过申报非物质文化遗产代表性传承人及工艺大师，鼓励带徒授艺，加快人才培养，有计划地培养后续人才，并予一定的资金扶持。

鼓励传承人有计划地开展传承保护工作，开展技术交流，提高业务技术水平，规范酿造技术，保护传统技艺传承人的合法权益。近年来，我们设立了"钱建华严东关五加皮酿酒技艺大师工作室"，做好技艺的传、帮、带。培养了一批具有绝技绝活的五加皮酿酒人才，建立了非遗传承梯队。

（二）提升理论研究

通过理论研究制定了《GB/T 21821-2008 地理标志产品 严东关五加皮酒》国家标准，严东关五加皮酒被认定为国家地理标志产品。成功发表《功效成分骨架在新型五加皮保健酒开发中的应用》，建立一种五加皮保健酒的标准指纹图谱，确立了产品基本质量框架与特征质量成分的范围，明确了质量指标与质控参数。先后获得"中药材流浸膏法生产五加皮酒的方法"等六项国家发明专利。2020年，由市非遗中心组织，对90岁高龄的省级非遗代表性传承人白洪利进行抢救性口述记录。

（三）形成梯队传承机制

所谓传承，一方面是在技艺上，年轻酿酒师通过学习老一辈传承人的酿酒技艺，再到更大程度上的成长；另一方面则是紧跟时

省级非遗代表性传承人钱建华同志被评为"浙江制造"大工匠（浙江致中和实业有限公司提供）

代步伐，将五加皮酒进一步贴近群众，弘扬五加皮酒的养生保健的功能。

从事五加皮酒的酿造，既苦又累，如何避免严东关五加皮酿酒技艺在发展过程中出现传承上的青黄不接，项目保护单位有的放矢、多措并举。在多年连续实施的人才战略工程中一方面通过招聘、进修等措施提升现有技艺人才队伍的整体素质；另一方面坚持自主培养后备力量，从而保证了酿酒技艺的传承，推动了五加皮酒的繁荣和发展。项目保护单位建立了一套属于自己的传承谱系。

假如传承人消失，原本形态的非物质文化遗产也将不复存在。尤其在社会发生急剧变化的情况下，就更容易出现传承链的中断。

因此，进一步收集整理严东关五加皮酿酒技艺项目、传承人的资料，建立严东关五加皮酒技艺档案室。保护五加皮酿酒艺传承人，通过口传心授的方式传承，才能使国家级非物质文化遗产代表性项目严东关五加皮酿酒技艺的表现形式得以世代相传。

四、加强五加皮酒品牌建设

市政府出台了政策，帮扶酒业产业，为我们创造了良好的外部条件，并鼓励企业传承、保护和优化自身品牌。通过扩大对外开放，加快产业的发展，强化企业自身规范，加强监督引导，鼓励企业加强自律意识，严格按照传统酿造技艺原理，依靠现代科学技术的进步，以过硬的酒品去赢得消费市场。积极争创中国驰名商标。积极申报国家地理标志，制订行业标准，规范使用品牌和商标。努力打造区域品牌，扩大社会影响，提升市场占有率。

严东关五加皮酒是安徽药商朱仰懋先生从民间获取五加皮酒的传统秘方后创建。他以中庸的哲理指导致中和严东关五加皮酒的生产制作，可谓一代宗师，匠心独具，从一开始就赋予了致中和严东关五加皮酒以深厚的文化内涵。历代文人墨客也对严东关五加皮酒赞不绝口。

严东关五加皮酒是中国五加皮酒的优秀代表，曾多次在全国性的酒类博览会上获奖。该品牌的发展过程对中国民族品牌的发展推动有重要意义。它不仅是中国传统民族品牌幸存者，更应成为民族品牌的发扬光大者。

目前,在建德市梅城镇、大洋镇、寿昌镇、大同镇等地,也有酿制五加皮酒一些厂家及作坊。

五、加大宣传和推广

2005年,浙江致中和酒业有限责任公司先后在中央电视台广而告之,使严东关五加皮酒成为家喻户晓的品牌。

2010年5月,宋都控股集团正式收购浙江致中和酒业有限责任公司,并成立浙江致中和实业有限公司,建设独具特色的旅游景区型新保健酒生产基地,并成立了浙江省致中和生物健康食品研究院,这一战略举措预示着新新资本和传统品牌的强强联合,致中和正逐渐蜕变为一家有着管理国际化、运营标准化、品牌世界化的世界级民族品牌。致中和以传统酿造技艺为关键技术,运用以下主要营销策略:(1)取材具有地方特色和独特的产品利益;(2)开拓市场,构建分销网;(3)宣传品牌文化,理解产品文化内涵及"养身酒"的价值定位;(4)主攻家庭自用

非遗进社区(浙江致中和实业有限公司提供)

酒市场；找准自己坐标，明确市场定位。根据不同人群，不同时代、不同地域和不同层次的市场需求，不断开发不同档次、不同类型、不同系列的产品。在包装设计、宣传策略上时尚化，逐渐倡导以时尚演绎传统和经典，以创新性营销带动市场提升。

第十五届中华老字号精品博览会参展（浙江致中和实业有限公司提供）

同时，建立并完善严东关五加皮酿酒技艺展示馆，展示馆先后已经接待10万余人次参观。陆续推出五加皮酒主题系列宣传册、专题片；出版《致中和：千年

五加皮酿酒技艺培训（浙江致中和实业有限公司提供）

秘酿》连环画册、《中国大百科全书》第三版《中国原产地物产百科》；专题拍摄严东关五加皮酿酒技艺纪录片。

严东关五加皮酒凭着本身悠久的人文历史、丰富的文化内涵，过硬的质量和醇厚的口感，我们相信，一定能成为区域性乃至全国性的知名品牌。

[贰]代表性传承人（群）

严东关五加皮酒，自创立以来，虽经战火考验和时间流逝，时有中断，但工艺和配制技术却薪火相传，经久不衰。

他们是严东关五加皮酿酒技艺的主要传承群体。带领的传承人队伍始终坚守古法酿酒的初心，传承严东关五加皮酿酒技艺，热心开展传帮带工作。起草并制定了《GB/T 21821-2008 地理标志产品 严东关五加皮酒》国家标准。发表《功效成分骨架在新型五加皮保健酒开发中的应用》，通过对五加皮酒特征指标成分分析，建立一种五加皮保健酒的标准指纹图谱，确立了产品基本质量框架与特征质量成分的范围，明确了质量指标与质控参数。围绕严东关五加皮酿酒技艺，先后获得多项国家发明专利："一种延长五加皮酒褪色的方法和护色剂""一种预防五加皮酒沉淀浑浊的方法""中药材水蒸气提取法生产五加皮酒的方法""中药材流浸膏法生产五加皮酒的方法""一种蜜酒的酿制方法""酿酒工艺中玉竹多糖的白酒冷浸、逆流提取方法及其在线质量控制方法"等，为深入研究五加皮酒理论做出了贡献。

第一代创立者：

朱仰懋 生卒年不详，安徽徽州人，致中和的创始人，精心研究五加皮酒配方，凭借自己扎实的中医功底，创造性地改进、拓展了浸泡的药材，在原有五加皮酒基础上，加入玉竹、栀子等药材，既能让人抒怀助兴，又能祛风湿、壮筋骨、顺气化痰、添精补髓、益寿延年。在古严州府东关开始了前店后厂的五加皮酒生产，并以《中庸》中的"致中和"为店号，后来习惯称之为严东关五加皮酒。

第二代传承人：

王凤林 生卒年不详，浙江绍兴人。他早年曾在十里埠邱兴元南北货店当伙计，后为致中和酒坊的把作师。继承了致中和酒坊的生产技艺，根据客商对酒的口味及药效要求，对严东关五加皮酒进行改良。

第三代传承人：

高小宝 （1835—1907），籍贯不详。创造了"中和七分酿造法"，并将泥窖创新为泥底砖窖；特别是分季节制曲、

朱仰懋（杨洪海绘）

王凤林（杨洪海绘）

分别糖化、分别堆积、分别发酵、接力发酵等，为中华民族古文化"辨证实证应用之典范"。所产致中和五加皮酒在巴拿马万古博览会上获得银质奖。

第四代传承人：

胡致和（1858—1877），**胡义贞**（1878—？）、字梅生（梅城商号胡亨茂）。祖籍均为浙江绍兴。创造了续糟配料发酵技艺，民国初年，胡梅生借着致中和五加皮酒获得巴拿马博览会银奖这股东风，向外大量销售致中和五加皮酒，把致中和五加皮销到了东南亚各地，名声大噪，订单如雪片般飞来。"严东关""致中和""五加皮酒"都成了严州的代名词。

高小宝（杨洪海绘）

胡致和（杨洪海绘）

第五代传承人:

王炳荣 （1895—1973），字序庸，祖籍浙江绍兴。

1907年，王炳荣十四岁时，经同乡介绍，到建德县十里埠邱元兴南北货店当学徒。三年学徒满师后，到严东关致中和酒坊学习酿酒技术，在传承基础上注重产品质量，在酿酒上创造了三轮次发酵，二次堆积生香工艺。

王炳荣（浙江致中和实业有限公司提供）

第六代传承人:

朱天锡 （1928—2008），安徽黄山人。2008年被列入浙江省级非物质文化遗产代表性传承人。1944年9月入建德朱同丰油坊当学徒，1956年5月入公私合营建德酒厂，在传承祖上酿酒古法的基础上，将"中和酿酒之法"继承创新，发扬光大，致中和原酒品质在优选科学的基础上得到了提升，

朱天锡（浙江致中和实业有限公司提供）

同时使致中和严东关五加皮酒品质更加稳定，于1980年荣获省优质产品称号、1985年国家轻工部优质产品称号，成为荣获国家奖牌露酒之一。

白洪利 1927年8月出生，浙江杭州人。2009年被列入浙江省级非物质文化遗产代表性传承人。他致力于严东关致中和传统酿酒技艺的提升改造和致中和新品种开发的技术指导，在传统工艺的基础上，从致中和五加皮酒的根源着手，从口感、色泽、保健价值等多方面全方

白洪利（浙江致中和实业有限公司提供）

位进行改造和提升产品内在品质，适应现代消费者的需求。

第七代传承人：

白智勇 1959年2月出生，浙江杭州人。2004年，"致中和"广告在中央电视台进行了投放，利用现代传媒资源和创业激情，缔造了企业快速成长的神话，并奠定了行业地位和品牌基石——广告语"每天回家喝一点"深入长三角，获得了市场的高度认可，为扩大致中和五加皮酒的品牌知名度做出了巨大贡献。

俞建午　1966年6月出生，浙江杭州人。2013年被列入建德市非物质文化遗产代表性传承人。2011年5月，成立了浙江省致中和生物健康食品研究院，担负着致中和产品开发、品质改良、技术改造、技术攻关等多项重任。他投入大量资金，从五加皮酒

俞建午（汤峥嵘摄）

基酒酿造、蜜酒酿造到五加皮酒灌装等，建造了五加皮酒自动化勾兑系统、标准化灌装生产线及保健酒标准化生产基地，确保致中和五加皮酒的安全性和稳定性。

　　钱建华　1963年4月出生，浙江杭州建德人。2017年被列入浙江省级非物质文化遗产代表性传承人。从事酿酒技术工作至今已有40多年，完成了20多项科研成果，先后获得"中药材水蒸气提取法生产五加皮酒的方法"等多项国家发明专利。组织和指导起草制定了《GB/T 21821-2008 地理标志产品 严东关五加皮酒》的国家标准，通过对五加皮酒特

钱建华（汤峥嵘摄）

征指标成分分析，建立了五加皮保健酒的标准指纹图谱，确立了产品基本质量框架与特征质量成分的范围，明确了质量指标与质控参数。

方小民　1962年3月出生，浙江杭州建德人。2018年被列入建德市非物质文化遗产代表性传承人，一级白酒酿造师。从事酿酒技术工作至今已有40多年，完成了10多项科研成果，先后获得"中药材流浸膏法生产五加皮酒的方法"等多项国家发明专利。他以药材提取方法为基源，对不同提取方法、料液比例、温度等技术参数进行筛选定性优化，对药材风味进行全面分析，并建立数据库，力保致中和严东关五加皮酒创新与质量领先。

方小民（汤峥嵘摄）

第八代传承人：

方建民　1968年12月出生，浙江杭州建德人。从事酿酒工作至今已有30多年，参与了10多项课题研究，通过优

方建民（浙江致中和实业有限公司提供）

化五加皮酒中药材浸提、浸提液配伍、净化处理等工艺，使产品酒体外观清澈透明，提高了致中和严东关五加皮酒质量稳定性。

吴建伟 1981年7月出生，浙江杭州建德人，国家"一级品酒师"。参与《五加皮酒品质提升抗絮凝关键技术研究》《五加皮酒品质提升护色关键技术研究》等10多项技术课题研究。对传统五加皮酒改良探索，丰富了五加皮酒的饮用方法，使五加皮酒药味清雅有味，提升了口感，使得年轻人更易于接受，跟上时代的需求，对致中和五加皮酒酿造技艺的保护与传承做出接力。

吴建伟（周密摄）

邵俪黎 1987年2月出生，浙江杭州人。2021年被列入建德市非物质文化遗产代表性传承人。参与了《清酒菌种的培育筛选及生产工艺研究》《五加皮酒品质提升护色关键技术研究》多项课题研究。积

邵俪黎（汤峥嵘摄）

极组织和参加严东关五加皮酿酒技艺传承保护工作。组织浙江省酒类行业唯一的非遗传承技能人才培训项目之一的严东关五加皮酒酿酒制作技艺培训班，并参与授课，酿酒制作技艺得到广泛普及。

汤艳 1979年9月出生，浙江杭州建德人，国家"一级品酒师"。2022年被列入建德市非物质文化遗产代表性传承人。参与了《五加皮酒品质提升抗絮凝关键技术研究》等10多项技术课题研究。组织制定了五加皮等药材的主要评价指标及产品质量稳定体系，控制了五加皮酒使用的中药材中的农残、重金属等含量指标，确保致中和严东关五加皮酒安全性和稳定性。

汤艳（浙江致中和实业有限公司提供）

非遗传承人合影（浙江致中和实业有限公司提供）

技艺传承（浙江致中和实业有限公司提供）

后记

这坛"严东关五加皮酒",终于出缸了!

这本《严东关五加皮酿酒技艺》书稿终告杀青!

严东关五加皮酒,既是建德的骄傲,也是浙江的骄傲,更是中国五加皮酒的优秀代表。

我生长于建德一个偏僻农村,小时候需要凭票购买五加皮酒,这令我记忆深刻。我在老家务农时,劳作回家,打开一瓶贴着红标签的五加皮酒,瞬间一股浓浓的药香味拂面而来,倒入碗中,荡漾着特别的榴红色,碗壁挂着厚厚的一层黄红晕,煞有美感。配以炒青椒、咸菜,再抿上几口,药味伴着酒香,直冲脑门,那五加皮酒的红色流淌到了我的脸上,晕乎乎、热腾腾、飘飘然,似有太上之忘情之感。酒情醉意让一天的疲倦都随之烟消云散⋯⋯

那时候,尽管经常喝,却对五加皮酒仍然是云里雾里,只知其然而不知所以然。直到20世纪80年代,读了《建德政协文史资料》中那篇柯秉铎、徐慕越《严东关致中和》的文章后,才初步了解严东关五加皮酒的过往和重生。

20世纪90年代,柴廷芳先生写了一本《玉露情缘》,虽是写致中和五加皮酒，却是以小说形式演绎了致中和五加皮酒出世的时代背景及经过，叙说了致中和五加皮酒第一代创立者朱仰懋的爱恨情仇及创立的艰辛过程，给我留下了深刻的印象。

21世纪初，各大电视台频频播放"每天回家喝一点"的广告，使得致中和五加皮酒逐步走出浙江，走向全国。

我一直为家乡能够有五加皮酒而自豪，也一直想为这个家乡的"宠儿"做点什么? 由于阅历、资历等因素，一直只能"坐观垂钓者，徒有羡鱼情"。

2021年，严东关五加皮酿酒技艺列入第五批国家非物质遗产代表性项目名录，根据省文化和旅游厅关于做好《浙江省非物质文化遗产代表作丛书》第五批国家级非物质文化遗产名录项目编纂出版工作的需要，我十分荣幸地应建德市文化和广电旅游体育局、浙江致中和实业有限公司之邀，负责编纂《严东关五加皮酿酒技艺》一书。

机会突然降临，那份忐忑而又欣喜之情油然而生。怀着这样的心境，这样的情结，着手从茫茫史海中艰难地寻访人物、搜集资料，接着编写提纲，对着电脑挑灯夜战，不停地敲打着键盘……

历史的风云在脑子里闪过，尘封的过往在心海奔腾，扫描着历史印迹，编织着基因记忆……经过三个多月的努力，终于形成了初稿。

　　建德市文化和广电旅游体育局、浙江致中和实业有限公司的领导召集相关人员三番讨论研究，集腋成裘，四度补充修正；集思广益，五易其稿而终成。幸甚幸甚！

　　而此时，我的五脏六腑好像猛然间被掏空了一般，别有一番滋味：几分惆怅，几分茫然，几分窃喜，几分欣慰……

　　美酒的芳香，从空气中缓缓飘来。

　　为铭记为此书出版付出心血的各位同仁，现将各位芳名记载如下，以志纪念：谢黎琴、俞建午、王献萍、邵俪黎、朱建霞、钱建华、李新富、郑莹、曹利丰、王思懿、汤艳、黄谷江、方小民、颜芳、潘春芳、龚景华、吴建伟、王志平、彭美仙、汤峥嵘、李茂祥。

　　值此付梓之际，我由衷地感谢各位领导和各位同仁，感谢你们的信任和支持，感谢你们为此书的出版付出的心血和辛劳。

　　由于时间紧、任务重、历史久、资料少，再加上编者水平有限，编纂过程中的缺点和谬误在所难免，还望读者宽宥和斧正。

编著者

2023年1月

图书在版编目（CIP）数据

严东关五加皮酿酒技艺 / 朱建霞，俞建午，邵俪黎
编著 . —— 杭州：浙江古籍出版社，2024.5
（浙江省非物质文化遗产代表作丛书 / 陈广胜总主
编）
ISBN 978-7-5540-2607-6

Ⅰ . ①严… Ⅱ . ①朱… ②俞… ③邵… Ⅲ . ①五加皮
—药酒—酿酒 Ⅳ . ① TS262.91

中国国家版本馆 CIP 数据核字（2023）第 081117 号

严东关五加皮酿酒技艺

朱建霞　俞建午　邵俪黎　编著

出版发行	浙江古籍出版社
	（杭州市环城北路177号　电话：0571-85068292）
责任编辑	姚　露
责任校对	吴颖胤
责任印务	楼浩凯
设计制作	浙江新华图文制作有限公司
印　　刷	浙江新华印刷技术有限公司
开　　本	960mm×1270mm 1/32
印　　张	5.375
字　　数	100千字
版　　次	2024 年 5 月第 1 版
印　　次	2024 年 5 月第 1 次印刷
书　　号	ISBN 978-7-5540-2607-6
定　　价	68.00 元